Abhandlungen und Vorträge
aus dem Gebiete der
Mathematik, Naturwissenschaft und Technik

1. Heft. Die neue Mechanik. Von H. Poincaré. 4. Auflage.

Die kleine Schrift behandelt die durch Einführung der relativistischen Anschauung bedingte grundlegende Umwandlung der physikalischen Begriffe **Kraft** und **Masse** und beleuchtet die daraus sich ergebenden Folgerungen nach vielen Seiten hin, insbesondere für astronomische Fragen. Die ungemein klare, alle Grundgedanken scharf hervorhebende Darstellung ermöglicht auch dem Fernerstehenden ein leichtes Eindringen in den so schwierigen Stoff.

2. Heft. Physikalisches über Raum und Zeit. Von Prof. Dr. E. Cohn. 4. Auflage. Geh. M. 1.60

In gemeinverständlicher Weise wird dargelegt, welche wissenschaftlichen Erfahrungen zur Aufstellung der Relativitätstheorie geführt haben, und welche Bedeutung dieses neue Prinzip für unsere physikalische Auffassung von **Raum** und **Zeit** hat. Die vorliegende Schrift ist ständig bemüht, scharf hervortreten zu lassen, was beobachtbare Tatsache, was willkürliche Festsetzung und was notwendige Folgerung ist.

3. Heft. Das Relativitätsprinzip. Eine Einführung in die Theorie. Von Prof. Dr. A. Brill. 4. Auflage.

Das Büchlein beschränkt sich hauptsächlich auf den Teil der Theorie, der den Widerspruch zwischen der Maxwell-Hertzschen Lichttheorie und der Erfahrung zu überbrücken berufen ist. Die Grundgleichungen der Theorie erfahren eine eingehende Behandlung, und es wird an ihnen abgeleitet, wie an Stelle der dreidimensionalen Bewegungsgleichungen der klassischen Mechanik die vierdimensionale Impuls-Energiegleichung tritt, und welche Behandlung damit der Begriff „Masse" erfährt. Auch die neuerdings von A. Einstein aufgestellte **Theorie der Gravitation** wird in längerer Besprechung gewürdigt.

4. Heft. Der Hohennersche Präzisionsdistanzmesser und seine Verbindung mit einem Theodolit (D.R.P. No. 277000). Einrichtung und Gebrauch des Instrumentes für die verschiedenen Zwecke der Tachymetrie; mit Zahlenbeispielen sowie Genauigkeitsversuchen. Von Prof. Dr.-Ing. H. Hohenner. Mit 7 Abbildungen im Text und 1 Tafel. Geh. M. 3.20

Die Abhandlung gibt die Beschreibung eines neuen optischen Entfernungsmessers, der im Gegensatz zu der langwierigen und wenig genauen Messungsmethode mit Latte und Band und mit den bisherigen Distanzmessern ein schnelles und ungemein präzises Arbeiten ermöglicht. Nach theoretischer Behandlung des Instruments wird seine praktische Verwendungsmöglichkeit für die verschiedenen Zwecke der Tachymetrie erörtert und der Grad der mit dem Präzisionsdistanzmesser erreichbaren Genauigkeit an Hand zahlreicher Versuche abgeleitet.

5. Heft. Raum, Zeit und Relativitätstheorie. Gemeinverständliche Vorträge von Prof. Dr. L. Schlesinger. Mit 2 Tafeln u. 5 Fig.

Die Abhandlung, aus einem Vortrag hervorgegangen, der sich an Gebildete aller Stände wendet, behandelt die allgemeine und spezielle Relativitätstheorie. Sie setzt nur ein Mindestmaß an mathematischen Kenntnissen voraus, und bedient sich vorwiegend graphischer Methoden.

Auf sämtliche Preise Teuerungszuschläge des Verlags (Septbr. 1920 100 %, Abänderung vorbehalten) und der Buchhandlungen.

VERLAG VON B. G. TEUBNER IN LEIPZIG UND BERLIN

ABHANDLUNGEN UND VORTRÄGE AUS DEM GEBIETE
DER MATHEMATIK, NATURWISSENSCHAFT UND TECHNIK

HEFT 5

RAUM, ZEIT UND RELATIVITÄTSTHEORIE

GEMEINVERSTÄNDLICHE VORTRÄGE

VON

LUDWIG SCHLESINGER

ORD. PROFESSOR DER MATHEMATIK A. D. UNIVERSITÄT GIESSEN

MIT 7 FIGUREN IM TEXT

Springer Fachmedien Wiesbaden GmbH 1920

SCHUTZFORMEL FÜR DIE VEREINIGTEN STAATEN VON AMERIKA:
© SPRINGER FACHMEDIEN WIESBADEN 1920
URSPRÜNGLICH ERSCHIENEN BEI B.G. TEUBNER LEIPZIG 1920

ISBN 978-3-663-15269-9   ISBN 978-3-663-15834-9 (eBook)
DOI 10.1007/978-3-663-15834-9

ALLE RECHTE,
EINSCHLIESSLICH DES ÜBERSETZUNGSRECHTS, VORBEHALTEN.

Vorwort.

Die nachstehende Darstellung der allgemeinen Relativitätstheorie ist aus einer Reihe von Vorträgen entstanden, die ich während der von der Gießener Hochschulgesellschaft im April 1920 in Mainz veranstalteten „Hochschulwoche" vor einem zahlreichen, zum größten Teile aus gebildeten Laien bestehenden Zuhörerkreise gehalten habe. Die außerordentlich lebhafte Teilnahme, die diese Vorträge gefunden haben, legte mir den Gedanken nahe, sie zu veröffentlichen. Neben den vielen von Physikern und Philosophen herrührenden gemeinverständlichen Darstellungen der Einsteinschen Lehre wird die von einem Mathematiker gegebene vielleicht auch mit dazu beitragen, das Interesse weiterer Kreise an mathematischem Denken zu beleben. — Es versteht sich von selbst, daß ich neben den streng wissenschaftlichen Originalarbeiten auch die gemeinverständliche Literatur ausgiebig benutzt habe. Mit besonderem Danke nenne ich die Schriften von Einstein selbst, ferner die von Freundlich, Witte, Rülf und Cohn (vgl. das Literaturverzeichnis am Schluß).

Gießen, den 20. April 1920.

L. Schlesinger.

Inhaltsverzeichnis.

Seite

1. Einleitendes 1
1. Graphische Fahrpläne. Das Galileische Relativitätsprinzip 2
3. Der Michelsonsche Versuch 8
4. Die Lorentzsche Verkürzung und die Lorentztransformation 11
5. Konstanz der Lichtgeschwindigkeit. Das neue Gesetz für die Zusammensetzung der Geschwindigkeiten. Der Fizeausche Versuch. Das Lorentz-Einsteinsche Relativitätsprinzip 17
6. Der dreidimensionale Raum. Die Auffassung von Einstein und Minkowski 21
7. Mehrfach ausgedehnte Mannigfaltigkeiten. Die Gaußsche Lehre von den Flächen. Verbiegung. Krümmung. Linienelement. Riemanns Verallgemeinerung 25
8. Unzulänglichkeit des Lorentz-Einsteinschen Relativitätsprinzips. Das Schwerefeld. Das Äquivalenzprinzip und das allgemeine Relativitätsprinzip 30
9. Die allgemeine Raum-Zeitmannigfaltigkeit. Ihre Bestimmung durch die Gravitationspotentiale 33
10. Bestätigung durch die Erfahrung. Schlußbemerkungen 37
Literaturnachweise 39

1. Einleitendes.

Alles geschieht in Raum und Zeit, d. h. irgendwo und irgendwann. Das wo und wann bestimmt man durch Messungen. Zu einer Messung gehört ein Bezugsystem und eine Meßvorrichtung. Das Bezugsystem für die Bestimmung des wo kann z. B. ein Zimmer sein. Ich bestimme dann das wo eines Gegenstandes durch seine Abstände von den drei in einer Zimmerecke zusammenstoßenden Ebenen, d. h. seine Länge, Breite und Höhe (Fig. 1). Für die Bestimmung des wann eines Geschehens wählt man als Bezugsystem ein bestimmtes Ereignis, etwa Christi Geburt, und gibt die seither verflossene Zeitdauer an. Abstände und Zeitdauern mißt man durch Meßvorrichtungen unter Zugrundelegung von Maßeinheiten.

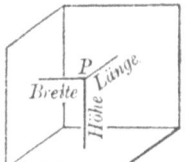

Fig. 1.

Für Abstände wählt man als Maßeinheit etwa das Meter, für Zeitdauern etwa das Jahr oder die Sekunde. Als Meßvorrichtungen dienen für Abstände der Maßstab, für Zeitdauern die Uhr. Der Maßstab ist ein starrer Gegenstand, dessen Anfangs- und Endpunkt zu allen Zeiten und überall denselben Abstand haben, und zwar macht man diesen Abstand am besten gleich der Maßeinheit. Die Uhr ist eine Vorrichtung, in der sich ein bestimmter Vorgang (etwa die Schwingung einer Uhrfeder oder eines Pendels, der Ablauf einer gewissen Menge Sand, die scheinbare Bewegung der Sonne) zu allen Zeiten und überall während derselben Zeitdauer abspielt; als diese Zeitdauer wählt man wieder die Zeiteinheit oder ein Vielfaches von ihr. Von Störungen durch veränderte Temperatur, Reibung usw. sehen wir ab.

Veränderung des Ortes mit der Zeit nennt man Bewegung. Die Physik und insbesondere die Mechanik ist die Lehre von der Bewegung der Körper, wobei die Ruhe, d. h. der Zustand des Beharrens an demselben Orte als besonderer Fall der Bewegung gelten soll. — Bei der Erörterung von Lehren der Mechanik hat man es also mit Beziehungen zwischen meßbaren Größen, Abständen und Zeitdauern, zu tun. Für diese Beziehungen bestehen einfache Gesetzmäßigkeiten, die rein logisch aufgebaut und angewendet werden können. Um aber solche Beziehungen überschauen zu können, reicht bei einigermaßen komplizierten Verhältnissen der ungeschulte, sogenannte gesunde Menschenverstand nicht aus, er bedarf vielmehr der Verfeinerung durch eine **Denkvorrichtung**, die man **Mathematik** nennt. Mathematik ist also ein Denkwerkzeug; ebenso wie ich mit der bloßen Hand keinen Nagel in die Wand einschlagen kann, sondern dazu eines Hammers bedarf, ebenso kann ich den Umfang eines Kreises mit gegebenem Halbmesser nicht berechnen ohne Mathematik. Leider sind aber die feineren Vorschriften, nach denen dieses Denkwerkzeug zu handhaben ist, nicht so allgemein verbreitet wie die für Hammer und Zange; deshalb werden wir, um gemeinverständlich zu bleiben, die auftretenden Verhältnisse nach Möglichkeit schematisieren und uns überdies des Hilfsmittels bedienen, durch das die antiken Mathematiker im Kindesalter der mathematischen Wissenschaft arithmetische Verhältnisse zu erfassen und zu erforschen gesucht haben, des Hilfsmittels der **Veranschaulichung**. Dieses gestattet, zusammengesetzte Vorgänge sinnfällig zu machen und sie dadurch von der hergebrachten Formelsprache loszulösen; freilich befreit auch die Anschauung nicht von einem gewissen Grade von Abstraktionsfähigkeit, die wir also bei dem Leser voraussetzen müssen. An mathematischen Kenntnissen werden wir aber nicht mehr voraussetzen, als die Grundrechnungsarten und den Pythagoreischen Lehrsatz.

Wir beginnen nunmehr mit der Schilderung einer Bewegung, die uns allen wohlbekannt ist, der Fahrt eines **Eisenbahnzuges**.

2. Graphische Fahrpläne.
Das Galileische Relativitätsprinzip.

Will ich wissen, wo und wann ein Zug zwischen zwei Stationen verkehrt, so nehme ich einen Fahrplan zur Hand; seine Einrichtung ist bekannt. Will ich aber feststellen, wo und wann zwei Züge sich kreuzen, so ist es ziemlich umständlich, das aus einem gewöhnlichen Fahrplan zu entnehmen. Da solche Feststellungen aber für die Eisenbahnbeamten von sehr großer Wichtigkeit sind, so hat man für den inneren Dienst die sogenannten **graphischen Fahrpläne** eingeführt. Die Einrichtung eines solchen zeigt (verkleinert) die Fig. 2. Wir haben die Linie Vilbel—Gedern in Oberhessen und die Zeit von 12 Uhr mittags bis etwa 11 Uhr abends vor uns. Die Stationen sind auf einer horizontalen Geraden von links nach rechts, die Zeiten auf einer vertikalen Geraden von oben nach unten angegeben. Auf der horizontalen Geraden, der x-Achse oder Raumachse, kann man die Abstände von der Ausgangsstation, auf der vertikalen, der t-Achse oder Zeitachse, die Zeitdauer von Mittag an ablesen. 7 mm auf der Raumachse bedeuten 5 km, 7 mm auf der Zeitachse eine Stunde; die Einheitsstrecken sind also auf beiden Achsen

2. Graphische Fahrpläne. Das Galileische Relativitätsprinzip

gleich groß gewählt, was aber ganz unwesentlich ist. — Die verkehrenden Züge werden durch Linien dargestellt, die wir Zuglinien nennen wollen; zu jedem Punkte einer Zuglinie gehört eine bestimmte Zeit und ein bestimmter Ort (der Zug befindet sich irgendwann irgendwo). Wir finden diese, indem wir durch den betreffenden Punkt parallele Geraden zu der x- und t-Achse legen — die sogenannten Bezugslinien — und die Abstände ihrer Schnittpunkte mit der t- und x-Achse vom Anfangspunkte aus durch die Einheitsstrecke ausmessen. — Schneiden sich zwei Zuglinien, so befinden sich zwei Züge zu derselben Zeit am selben Ort, wir haben eine Kreuzung.

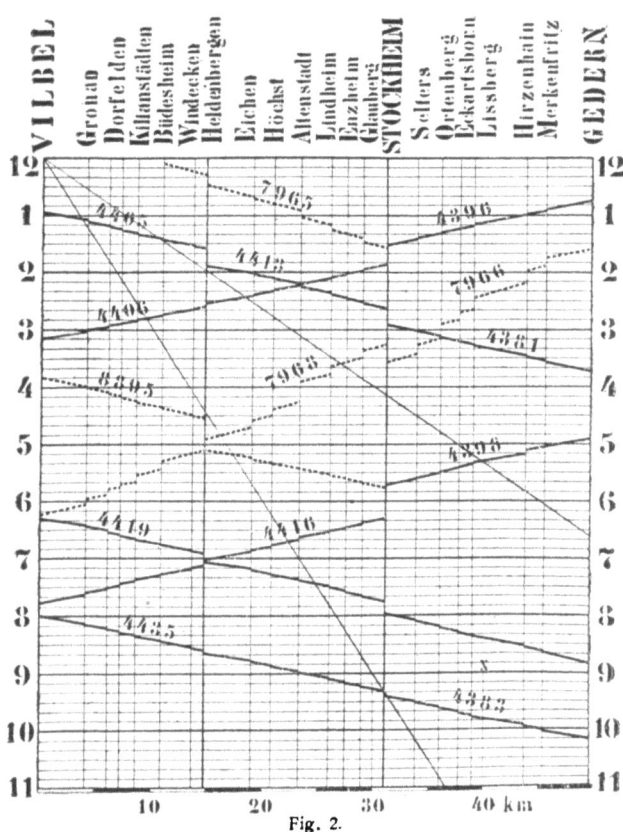

Fig. 2.

Wir denken uns nun die t-Achse als eine Uhr, auf der die x-Achse als Zeiger, sich selbst parallel bleibend, entlang laufen möge, ebenso gleichmäßig, wie auf einer gewöhnlichen Uhr der Zeiger das kreisrunde Zifferblatt durchläuft. Dann erscheint der Schnittpunkt einer Zuglinie mit diesem beweglichen Zeiger auf dem Zeiger immer verschoben, und diese Verschiebung veranschaulicht unmittelbar die Bewegung des Zuges auf der Raumachse. (Noch anschaulicher wird die Fahrt des Zuges dargestellt, wenn wir die Raumachse festhalten, etwa durch ein Lineal, und dann den graphischen Fahrplan unter diesem Lineal in der Richtung von unten nach oben hervorziehen.) Die Zuglinie veranschaulicht uns also gewissermaßen die ganze Geschichte des fahrenden Zuges, und

2. Graphische Fahrpläne. Das Galileische Relativitätsprinzip

das geübte Auge übersieht in der Zuglinie diese Geschichte auf einen Blick. Verläuft eine Zuglinie vertikal, so ist der Zug eine gewisse Zeit hindurch an demselben Orte, er hat Aufenthalt. Von den Aufenthalten abgesehen, sind die Zuglinien gegen die t-Achse geneigte Geradenstücke. Auf einem solchen Geradenstück sehen wir den Zug in gleichen Zeiten gleiche Strecken durchfahren; der in der Zeiteinheit durchfahrene Weg heißt die Geschwindigkeit des Zuges; längs eines Geradenstückes ist die Geschwindigkeit konstant, d. h. immer dieselbe. Sie wird gemessen durch die Neigung der Geraden zur Zeitachse. Je größer diese Neigung, um so schneller fährt der Zug, ist die Neigung Null, so steht er still. Ist der Neigungswinkel spitz (kleiner als ein Rechter) so fährt der Zug von links nach rechts, seine Geschwindigkeit ist positiv, ist er stumpf (größer als ein Rechter), so fährt er von rechts nach links, seine Geschwindigkeit ist negativ. Wäre er ein Rechter, so befände sich der Zug zur selben Zeit an allen Stationen, man würde dann sagen, er fahre mit unendlich großer Geschwindigkeit; das ist natürlich nur ein Grenzfall ohne jede praktische Bedeutung. Ein im Anfangspunkte stehender Beobachter oder Zug wird durch die Stelle dargestellt, mit der der Zeiger unserer Uhr an der t-Achse befestigt ist, er hat auch eine Zuglinie, nämlich die Zeitachse selbst. In bezug auf diesen Beobachter, dessen Sehvermögen natürlich bis zur Endstation reichen soll, ist die gegebene Deutung der Zuglinien zu verstehen.

Züge, deren Zuglinien zur Zeitachse t gleiche Neigung haben, d. h. parallel sind, fahren mit derselben Geschwindigkeit; wir können daher die Geschwindigkeit eines beliebigen Zuges durch die eines zur Anfangszeit von der Ausgangsstation ausfahrenden Zuges messen. Die Geschwindigkeit eines solchen Zuges bestimmt sich wie folgt: Die Stellung unseres Uhrzeigers zur Zeit $t = 1$, also die durch den Einheitspunkt E (Fig. 3) der Zeitachse zur Raumachse gezogene Parallele soll die Geschwindigkeitslinie heißen. Auf dieser messen wir das zwischen der Zeitachse und der Zuglinie gelegene Stück, seine Maßzahl ist die Geschwindigkeit.

Der Hauptvorteil des graphischen Fahrplans zeigt sich erst, wenn ein Beobachter, etwa der Schaffner oder Zugführer, einen abfahrenden Zug besteigt. Dieser Zug möge zur Anfangszeit von der Ausgangsstation ausfahren, etwa mit der Geschwindigkeit $v = \frac{2}{3}$, seine Zuglinie ist in der Figur 3 rot eingezeichnet. Da der auf der t-Achse entlang laufende Uhrzeiger auf der Zuglinie in gleichen Zeiten gleiche Stücke abschneidet, so kann der fahrende Beobachter auch seine Zuglinie als Uhr betrachten, d. h. auf ihr die Zeit messen, er muß nur eine andere Einheitsstrecke nehmen als auf der t-Achse, nämlich statt OE die von

2. Graphische Fahrpläne. Das Galileische Relativitätsprinzip 5

der Geschwindigkeitslinie abgeschnittene Strecke OE', die nach dem Pythagoreischen Lehrsatz gleich $OE \cdot \sqrt{1+v^2}$, für unseren Fall, wo $v = \frac{2}{3}$ war, gleich $OE \cdot \sqrt{1 + \frac{4}{9}} = OE \cdot \sqrt{\frac{13}{9}}$, also angenähert gleich $OE \cdot 1{,}2$ ist. Seine Geschwindigkeitslinie fällt mit der alten zusammen, aber die Größe der Geschwindigkeit eines fahrenden Zuges, von ihm aus beurteilt, ist jetzt das Stück zwischen seiner Zuglinie und der des fahrenden Zuges. Fährt der zweite Zug also etwa mit der Geschwindigkeit $w = \frac{3}{2}$ vom Anfangspunkte aus (Zuglinie schwarz durchbrochen), so ist seine relative Geschwindigkeit für den mit der Geschwindigkeit $v = \frac{2}{3}$ fahrenden Beobachter $w' = w - v = \frac{3}{2} - \frac{2}{3} = \frac{5}{6}$. Der ruhende Beobachter, dessen Zuglinie ja die t-Achse ist, erscheint dem fahrenden als

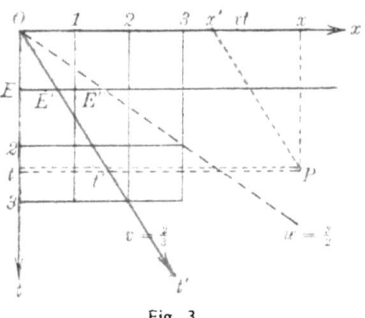

Fig. 3.

mit der Geschwindigkeit $-v = -\frac{2}{3}$, also in entgegengesetzter Richtung fahrend, und das gleiche gilt natürlich für alle ruhenden Gegenstände, z. B. die Telegraphenstangen, was wir ja alle aus der Erfahrung bestätigen können. Ein mit kleinerer Geschwindigkeit fahrender Zug scheint sich in entgegengesetzter Richtung zu bewegen, seine relative Geschwindigkeit ist negativ. Scheint ein Zug dem fahrenden Beobachter mit der Geschwindigkeit w' zu fahren, so lesen wir auf der Geschwindigkeitslinie sofort ab, daß er für den ruhenden Beobachter mit der Geschwindigkeit $w = v + w'$ fährt; das ist das wichtige **Gesetz von der Zusammensetzung der Geschwindigkeiten**. Läuft also ein Zug im selben Sinne wie der des fahrenden Beobachters, so erscheint seine Geschwindigkeit um v vermindert, läuft ein Zug dem des fahrenden Beobachters entgegen, so erscheint seine Geschwindigkeit um v vermehrt. Läuft der Zug dem des fahrenden Beobachters parallel, d. h. mit derselben Geschwindigkeit, so scheint er still zu stehen, der fahrende Beobachter sieht ihn zu jeder Zeit an demselben Orte (gleichortig!)

Zusammenfassend können wir sagen: der fahrende Beobachter kann den ganzen graphischen Fahrplan ohne weiteres benutzen, indem er ihn auf seine Zuglinie als neue Zeitachse — wir wollen sie die t'-Achse nennen — bezieht, auf der die Zeiteinheit jetzt durch die Strecke OE' dargestellt ist. Die Abstände der Stationen von ihm ändern sich jetzt natürlich mit der Zeit. Ein Punkt (siehe Fig. 2) der von der Ausgangsstation etwa den Abstand $x = 8$ hat, wird zur Zeit $t = 9$ von dem fahrenden Beobachter den Abstand

$$x' = x - vt = 8 - \tfrac{2}{3} \cdot 9 = 2$$

haben. Dagegen hat sich der Abstand zweier Stationen voneinander nicht geändert und ebenso ist die Zeit t' (in der neuen Einheitsstrecke gemessen) dieselbe geblieben wie für den ruhenden Beobachter. Das Merkwürdige ist nun, daß der mit der konstanten Geschwindigkeit fahrende Beobachter (vorausgesetzt, daß der Zug keine Kurven macht, daß keine Stöße, Verlangsamungen und Beschleunigungen auftreten) gar nicht merkt, daß er fährt, ja, daß alles mechanische Naturgeschehen für ihn ebenso verläuft wie für den ruhenden Beobachter. Ein Gegenstand, den er fallen läßt, fällt senkrecht zum Boden, ein Sekundenpendel schwingt in dem fahrenden Wagen genau so wie auf der Station. Daß dem so ist, ist ein wichtiges Naturgesetz, das sogenannte Galileische Relativitätsprinzip. Es kann uns dies nicht überraschen, wenn wir bedenken, daß ja auch der auf der Station stehende Beobachter in Wirklichkeit keineswegs in Ruhe ist, daß er vielmehr die Bewegung der Erde um die Sonne, die Drehung der Erde um ihre Achse, die Bewegung des ganzen Sonnensystems mitmacht. Für kurze Zeiträume können alle diese Bewegungen als geradlinig und mit konstanter Geschwindigkeit erfolgend angesehen werden, und das ist der Grund, weshalb wir uns ihrer gar nicht bewußt werden. Das Galileische Relativitätsprinzip besagt nämlich, daß für ein mit konstanter Geschwindigkeit auf geradliniger Bahn bewegtes System sich alle mechanischen Vorgänge genau so abspielen, wie für ein in Ruhe befindliches.

Man nennt ein geradlinig mit konstanter Geschwindigkeit bewegtes System ein Trägheits- oder Inertialsystem, weil nach dem Galileischen Trägheitsgesetz ein allen äußeren Einflüssen entzogener — freier — Gegenstand sich entweder in Ruhe befindet oder mit konstanter Geschwindigkeit eine geradlinige Bahn beschreibt. Alle Inertialsysteme sind für die Beobachtung mechanischen Geschehens als völlig gleichwertig anzusehen; unser auf dem Zuge mit der konstanten Geschwindigkeit v fahrender Beobachter hat also kein direktes Mittel, um zu entscheiden, ob er wirklich fährt oder nicht, er kann sich mit eben demselben Recht als ruhend betrachten, wie der auf der Anfangsstation stehende. Man kann also jede Zuglinie statt der ursprünglichen t-Achse als Zeit- oder t'-Achse einführen, wobei die x-Achse als Raumachse beizubehalten ist[1]), nur die die Zeiteinheit darstellende Strecke muß entsprechend geändert werden, und unser graphischer Fahrplan leistet dann für den fahrenden Beobachter genau dasselbe, wie für den auf der Station stehenden.

Der Zug P (Fig. 3), der sich zur Zeit t für den auf der Ausgangsstation stehenden Beobachter an der Stelle x der Raumachse befindet, erscheint dem mit der Geschwindigkeit v fahrenden Beobachter, der

---

1) Daß t'- und x-Achse nicht senkrecht zueinander sind, ist unerheblich.

2. Graphische Fahrpläne. Das Galileische Relativitätsprinzip 7

sich als ruhend betrachtet, zu derselben Zeit $t' = t$ an der Stelle x' der Raumachse, die er erhält, indem 'er durch P die Parallele zu seiner Zeitachse t' zieht und sie mit der Raumachse zum Schnitt bringt. Der Übergang von dem t, x-System zu dem t', x'-System erfolgt durch die Transformation

(1) $\qquad x' = x - vt, \quad t' = t,$

wo v eine beliebige Geschwindigkeit bedeuten kann; die graphische Darstellung zeigt sofort, daß zwei solche Transformationen hintereinander angewandt eine Transformation von derselben Form ergeben, in der die Geschwindigkeit die Summe der beiden Einzelgeschwindigkeiten ist. Man sagt darum von diesen Transformationen, daß sie eine **Gruppe** bilden, die sogenannte **Galileigruppe**. Nach dem Galileischen Relativitätsprinzip sind die Gesetze und Erscheinungen der Mechanik für die Transformationen der Galileigruppe unveränderlich, **invariant**.

Man kann den Transformationen (1) noch eine andere Bedeutung unterlegen, die ihren geometrischen Charakter anschaulich hervortreten läßt. Es wird nämlich durch die Transformation (1) jedem Punkte (t, x) der Zeichenebene ein bestimmter Punkt (t', x') derselben Ebene zugeordnet, wenn wir jetzt t' und x' wieder auf der ursprünglichen Zeit- und Raumachse messen. Da aus (1) umgekehrt

(1') $\qquad x = x' + vt, \quad t = t'$

folgt, ist diese Beziehung zwischen zwei Punkten der Ebene eine gegenseitig eindeutige. Sie entspricht einer **Verzerrung** der Ebene, die ein besonderer Fall ist derjenigen Verzerrungen, die ein perspektivisches Bild, etwa eine Photographie, gegenüber dem Original aufweisen kann. Diese sogenannten perspektivischen oder projektivischen Verzerrungen sind wieder nur besondere Fälle noch allgemeinerer, die nur die Eigenschaft haben, daß sie keine Zerreißung und keine Vernahtung bewirken, d. h. daß bei ihnen Punkte, die unendlich benachbart waren, es auch nach der Verzerrung bleiben und umgekehrt. Diese Eigenschaft bezeichnet man als **Stetigkeit** der Verzerrung. Unsere Transformationen sind also aufzufassen als stetige und insbesondere projektivische Verzerrungen der Ebene in sich selbst, bei denen die x-Achse als Ganzes ungeändert bleibt. Der x-Achse entspricht $t = 0$, sie ist (vgl. oben S. 4) die Zuglinie, die zu einer unendlich großen Geschwindigkeit gehört; bei unserer Galileigruppe wird also nur die unendlich große Geschwindigkeit erhalten bleiben, jede andere Geschwindigkeit erfährt eine Änderung, gemäß dem Gesetz über die Zusammensetzung der Geschwindigkeiten. — Diese letztere Bemerkung wird sogleich eine bedeutsame Anwendung finden.

3. Der Michelsonsche Versuch.

Das Licht breitet sich geradlinig mit einer Geschwindigkeit von $c = 300\,000$ km $= 3 \cdot 10^{10}$ cm in der Sekunde im' luftleeren Raume aus. Es ist dies die größte Geschwindigkeit, die überhaupt beobachtet worden ist; zuerst hat sie der Däne Olaf Römer gemessen im Jahre 1676, und zwar mittels astronomischer Methoden. Wir wollen, unabhängig von jeder hypothetischen Annahme über die Natur des Lichts, uns das Licht vorstellen als einen mit der Geschwindigkeit c geradlinig fortbewegten Körper, als einen leuchtenden Punkt, der einen Lichtstrahl beschreibt. Läuft dieser Lichtstrahl unsere x-Achse entlang, so können wir seinen Weg durch eine Zuglinie in unserem graphischen Fahrplan versinnlichen. Wir denken uns die Zeiteinheit so gewählt, daß die Lichtgeschwindigkeit $c = 1$ sei, dann wird die Zuglinie des Lichtstrahls den Winkel zwischen der x- und der t-Achse halbieren (schwarze Linie $c = 1$ in der Figur 5, S. 13). Beobachten wir den Lichtstrahl von einem in derselben Richtung mit der Geschwindigkeit v fahrenden Zuge aus, so erscheint nach dem Gesetz von der Zusammensetzung der Geschwindigkeiten seine Geschwindigkeit um v vermindert, also gleich $c - v$.

Nun ist zwar jede irdische Geschwindigkeit gegen die Lichtgeschwindigkeit c ganz außerordentlich klein, aber verglichen mit der Geschwindigkeit der Fortbewegung der Erde in ihrer Bahn um die Sonne — die man, wie schon bemerkt, während einer kurzen Zeitdauer als geradlinig ansehen kann — ergäbe sich für einen in der Richtung der Erdbewegung laufenden Lichtstrahl eine Verzögerung gegenüber einem Lichtstrahl der von einem ruhenden Orte aus beobachtet wird, die durch optische Methoden sehr gut meßbar wäre. — Da die Lichtgeschwindigkeit sehr genau bekannt ist, faßte J. C. Maxwell den kühnen Gedanken, durch die gedachte Verzögerung die Geschwindigkeit der Erdbewegung zu messen. Der amerikanische Physiker Albert Michelson ersann 1881 eine einfache Vorrichtung, die zur Ausführung dieses Maxwellschen Gedankens dienen sollte. Er ließ sie von einem Berliner Mechanikus bauen und führte seinen Versuch zuerst im physikalischen Institut der Berliner Universität, dann am astrophysikalischen Observatorium zu Potsdam aus. Die Versuche wurden dann 1887 mit verfeinerten Methoden in Amerika durch Michelson im Verein mit Edward Morley wiederholt. — Wie es in der Wissenschaft so oft vorkommt, haben diese Versuche Ergebnisse zutage gefördert, die von dem ursprünglich gesteckten Ziele weitab lagen, die aber geradezu revolutionierend auf die ganze Physik gewirkt haben. Wir wollen zunächst den Versuch von Michelson beschreiben und dann die Folgerungen besprechen, die sich aus ihm ergeben.

3. Der Michelsonsche Versuch

Die Michelsonsche Vorrichtung bestand (schematisiert) aus zwei zueinander senkrechten Stangen von je 11 m Länge, OA und OB (Fig. 4): in A und B befanden sich zur Stangenrichtung senkrechte, nach O hingewandte Spiegel, in O eine zu den beiden Stangenrichtungen gleichgeneigte durchsichtige Glasplatte. Michelson stellte seine Vorrichtung so, daß OA in die Richtung der Erdbewegung fiel und ließ dann in eben dieser Richtung einen Lichtstrahl auf die in O angebrachte Glasplatte fallen. Dieser Strahl spaltet sich in zwei, von denen der erste durch die Glasplatte hindurch in der Richtung nach A weiterläuft, während der zweite von O zurückgeworfene in der Richtung nach B hinläuft. Der erste Strahl erfährt, weil in der Richtung der Erdbewegung laufend, eine Verzögerung, der zweite aber nicht. Beide Strahlen werden von den in A und B angebrachten Spiegeln zurückgeworfen und kehren nach O zurück, aber zu verschiedenen Zeiten. Diesen Zeitunterschied kann man sehr leicht berechnen.

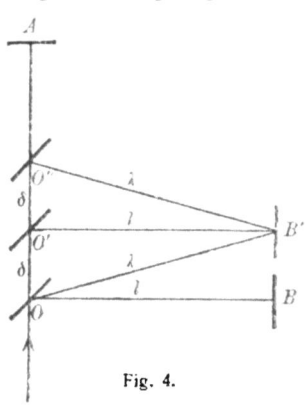

Fig. 4.

Die Geschwindigkeit der Erdbewegung beträgt etwa $v = 30$ km $= 3 \cdot 10^6$ cm, also den 10 000ten Teil der Lichtgeschwindigkeit, $\frac{v}{c} = 10^{-4}$. Der erste Lichtstrahl braucht auf dem Wege von O nach A, wo er der Erde nachläuft, seine Geschwindigkeit also um v verkleinert erscheint, zum Durchlaufen der Strecke von $l = 11$ m $= 11 \cdot 10^2$ cm

$$t_{OA} = \frac{l}{c-v} = \frac{11 \cdot 10^2}{3 \cdot 10^{10} - 3 \cdot 10^6}$$

Sekunden, dagegen auf dem Rückwege, wo er der Erde entgegenläuft, seine Geschwindigkeit also um v vergrößert, d. h. gleich $c + v$ erscheint, für dieselbe Strecke

$$t_{AO} = \frac{l}{c+v} = \frac{11 \cdot 10^2}{3 \cdot 10^{10} + 3 \cdot 10^6}$$

Sekunden; er vollzieht also seinen ganzen Hin- und Rücklauf in

$$t_A = \frac{l}{c-v} + \frac{l}{c+v} = \frac{2lc}{c^2 - v^2} = \tfrac{22}{3} \cdot 10^{-8}(1 - 10^{-8})^{-1}$$

oder angenähert[1] $\quad t_A = \tfrac{22}{3} \cdot 10^{-8}(1 + 10^{-8})$
Sekunden.

---

[1] $(1-\delta)^{-1}$ wird unter Vernachlässigung von δ^2 durch $1 + \delta$ dargestellt, da $(1-\delta)^{-1}(1-\delta) = 1$ und $(1+\delta)(1-\delta) = 1 - \delta^2$ ist.

3. Der Michelsonsche Versuch

Der zweite Strahl erfährt zwar keine Geschwindigkeitsänderung, aber der von ihm zu durchlaufende Weg ist weiter als der des ersten. Während der Zeit, wo der zweite Strahl von O nach dem Spiegel B gelangt, ist nämlich die ganze Vorrichtung mit der Erde um ein (noch zu bestimmendes!) Stück $OO' = \delta$ vorgerückt, so daß der Lichtstrahl den Spiegel B nicht in seiner ursprünglichen Lage, sondern in der Lage B' trifft. — Der von dem Spiegel zurückgeworfene Strahl trifft wieder die Glasplatte bei O nicht mehr in der Lage O', da die ganze Vorrichtung inzwischen wieder um das Stück δ in Richtung der Erdbewegung vorgerückt ist, sondern in der Lage O'', so daß also unser zweiter Strahl mit der Lichtgeschwindigkeit c die beiden gleichlangen Strecken OB' und $B'O''$ zu durchlaufen hat. Die Länge $\lambda = OB' = B'O''$ ergibt sich nun durch die folgende Erwägung. — Die Strecke $OO' = \delta$ wird von der Erde in derselben Zeit durchmessen, wie die Strecke $OB' = \lambda$ vom Licht, also verhalten sich diese Strecken wie die entsprechenden Geschwindigkeiten, d. h. es ist

$$\delta : \lambda = v : c = 10^{-4},$$

und folglich
$$\delta = \lambda \cdot \frac{v}{c} = \lambda \cdot 10^{-4}.$$

Nun ist aber $O'B' = l = 11 \cdot 10^2$ cm, ferner ist der Winkel bei O' ein Rechter, nach dem Pythagoreischen Lehrsatz ist also

$$OB'^2 = OO'^2 + O'B'^2,$$

d. h., wenn wir für $OO' = \delta$ den gefundenen Wert einsetzen,

$$\lambda^2 = \delta^2 + l^2 = \lambda^2 \cdot \frac{v^2}{c^2} + l^2 = \lambda^2 \cdot 10^{-8} + l^2,$$

woraus sich
$$\lambda = \frac{l}{\sqrt{1 - \frac{v^2}{c^2}}} = \frac{11 \cdot 10^2}{\sqrt{1 - 10^{-8}}}$$

ergibt. — Nachdem auf diese Weise die Länge des Weges gefunden ist, den der zweite Strahl mit Lichtgeschwindigkeit zurückzulegen hat, berechnet sich die für den Hin- und Rückweg erforderliche Zeit zu

$$t_B = \frac{2\lambda}{c} = \frac{2l}{c\sqrt{1 - \frac{v^2}{c^2}}} = \tfrac{22}{3} \cdot 10^{-8} \cdot \frac{1}{\sqrt{1 - 10^{-8}}}$$

oder angenähert[1] $\quad t_B = \tfrac{22}{3} \cdot 10^{-8}(1 + \tfrac{1}{2} \cdot 10^{-8})$

---

[1] Bei Vernachlässigung von δ^2 wird $\frac{1}{\sqrt{1-\delta}}$ zunächst nach Fußnote 1) auf S. 9 durch $\sqrt{1+\delta}$, und dieses weiter durch $1 + \tfrac{1}{2}\delta$ dargestellt, denn es ist $(\sqrt{1+\delta})^2 = 1 + \delta$ und $(1 + \tfrac{1}{2}\delta)^2 = 1 + \delta + \frac{\delta^2}{4}$.

4. Die Lorentzsche Verkürzung und die Lorentztransformation

Sekunden. Der Unterschied zwischen der vom ersten Strahl verbrauchten Zeit t_A und der vom zweiten verbrauchten t_B beträgt hiernach angenähert

$$\tfrac{22}{6} \cdot 10^{-16} = 0{,}0000000000000366 \ldots$$

Sekunden, eine für gewöhnliche Begriffe zwar außerordentlich kurze Zeit, die aber mit optischen Methoden (Interferenz) noch gut faßbar ist, da man mit diesen Methoden noch den 40. Teil dieser Zeit scharf zu messen imstande ist. Das Ergebnis der von Michelson und Morley angestellten und dann noch oft wiederholten Versuche war nun ein ganz unerwartetes. Statt die errechnete Zeitdifferenz zu finden, stellte sich heraus, daß beide Lichtstrahlen genau zu derselben Zeit bei der Glasplatte O anlangten, es zeigte sich also eine Abweichung der Erfahrung von der auf den Gesetzen der klassischen Mechanik aufgebauten Rechnung, die in keiner Weise zu erklären war, solange man an diesen Gesetzen festhielt. Es war dies um so bedeutungsvoller, als schon ein älterer Versuch von Fizeau, von dem noch die Rede sein wird, einen unlöslichen Widerspruch mit dem Galileischen Gesetz von der Zusammensetzung der Geschwindigkeiten ergeben hatte und andrerseits die auf den Gleichungen von Maxwell fußenden theoretischen Untersuchungen des holländischen Physikers H. A. Lorentz (1892) über elektrodynamisch-optische Vorgänge in bewegten Körpern mit zwingender Notwendigkeit zu dem Ergebnis geführt hatten, daß die Lichtgeschwindigkeit sowohl für bewegte als auch für ruhende Lichtquellen stets denselben Wert haben muß, was wieder mit dem Gesetz der Zusammensetzung der Geschwindigkeiten unvereinbar ist. Man stand also der Notwendigkeit gegenüber, in eine Nachprüfung der Grundlagen der klassischen Mechanik einzutreten. Um die Ergebnisse dieser Nachprüfung darzulegen, knüpfe ich wieder unmittelbar an den Versuch von Michelson an.

4. Die Lorentzsche Verkürzung und die Lorentztransformation.

Es mögen zunächst die Vorgänge beim Michelsonschen Versuch in einem graphischen Fahrplan versinnlicht werden (Fig. 5, S. 13). Um bequeme Größenverhältnisse zu haben, nehmen wir die Lichtgeschwindigkeit gleich 1 und wählen statt der Geschwindigkeit der Erdbewegung die Geschwindigkeit $v = \tfrac{2}{3}$, die etwa der Fortpflanzungsgeschwindigkeit der sogenannten Betastrahlen des Radiums (250000 km in der Sekunde) entspricht. Die Länge l der Arme des Michelsonschen Apparats nehmen wir gleich 4,5 Längeneinheiten, dann ergeben sich für die auftretenden Größen die Werte:

4. Die Lorentzsche Verkürzung und die Lorentztransformation

$$t_{OA} = \frac{l}{c-v} = \frac{4{,}5}{1-\frac{2}{3}} = 13{,}5, \quad t_{AO} = \frac{l}{c+v} = \frac{4{,}5}{1+\frac{2}{3}} = 2{,}7,$$

$$t_A = t_{OA} + t_{AO} = \frac{2lc}{c^2-v^2} = \frac{2l}{c\left(1-\frac{v^2}{c^2}\right)} = 16{,}2,$$

$$OB' = OB'' = \lambda = \frac{l}{\sqrt{1-\frac{v^2}{c^2}}} = \frac{4{,}5}{\sqrt{1-\frac{4}{9}}},$$

also, wenn wir für die Wurzel $\sqrt{1-\frac{4}{9}} = 0{,}745\ldots$ den abgerundeten Betrag $\frac{3}{4}$ nehmen, $\lambda = 4{,}5 \cdot \frac{4}{3} = 6$ und demnach

$$t_B = \frac{2\lambda}{c} = \frac{2l}{c\sqrt{1-\frac{v^2}{c^2}}} = 12.$$

Mit diesen Werten sind die den Wegen der beiden Lichtstrahlen entsprechenden Zuglinien in der Fig. 5 wie in einem graphischen Fahrplan eingetragen; die rote Zuglinie entspricht dem ersten Lichtstrahl, der von $x = 0$, $t = 0$ aus bis zu $x = 4{,}5$, $t = 13{,}5$ mit der positiven Geschwindigkeit $c - v = \frac{1}{3}$, von da ab bis zu $x = 0$, $t = t_A = 16{,}2$ mit der negativen Geschwindigkeit $c + v = \frac{5}{3}$ läuft, die schwarze Zuglinie gibt den Weg des zweiten Lichtstrahls, der bis zu $x = t = 6$ mit der positiven Geschwindigkeit $c = 1$, von da ab bis nach $x = 0$, $t = t_B = 12$ mit der gleichgroßen, aber negativen Geschwindigkeit läuft. Es handelt sich jetzt darum, die durch Anwendung des Gesetzes von der Zusammensetzung der Geschwindigkeiten entstandene Zeitdifferenz $t_A - t_B = 4{,}2$, von der sich gezeigt hat, daß sie in Wirklichkeit nicht vorhanden ist, zum Wegfall zu bringen.

H. A. Lorentz sagt so: Wenn in dem Ausdruck für t_A an die Stelle von l der Wert $l \cdot \sqrt{1-\frac{v^2}{c^2}}$ gesetzt wird, so entsteht ein Ausdruck t'_A, der mit t_B übereinstimmt; es würde also Übereinstimmung zwischen Theorie und Erfahrung herrschen, wenn die $l = 4{,}5$ Längeneinheiten messende Strecke der Raumachse dem auf dem Zuge mit der Geschwindigkeit $v = \frac{2}{3}$ fahrenden Beobachter im Verhältnis $1 : \sqrt{1-\frac{v^2}{c^2}}$, also ungefähr $1 : \frac{3}{4}$ verkürzt erschiene. In der Zeichnung ergibt sich diese Verkürzung wie folgt: Soll der erste Strahl zur selben Zeit ankommen wie der zweite, so muß seine Zuglinie in dem Punkte t_B der Zeitachse einmünden; man ziehe also durch diesen Punkt eine Parallele (in der Figur 5 rot durchbrochen) zu der Geschwindigkeitsrichtung $c + v = 1 + \frac{2}{3}$, bestimme deren Schnittpunkt mit der der Geschwindigkeit $c - v = 1 - \frac{2}{3}$ entsprechenden Zuglinie, dann ist die zu diesem Schnittpunkte gehörige

4. Die Lorentzsche Verkürzung und die Lorentztransformation 13

x-Strecke die verkürzte Strecke $l \cdot \sqrt{1 - \frac{v^2}{c^2}}$, also etwa $4{,}5 \cdot \frac{3}{4} = 3{,}37$ Längeneinheiten.

Dem auf dem Zuge fahrenden Beobachter, der zu ruhen glaubt, erscheint die auf der x-Achse ruhende Strecke l als mit der Geschwindigkeit $-v$ bewegt, die Lorentzsche Annahme kann also mit Hinzunahme des Galileischen Relativitätsprinzips auch so ausgesprochen werden, daß jede mit der Geschwindigkeit $\pm v$ bewegte Strecke dem ruhenden Beobachter im Verhältnis $1 : \sqrt{1 - \frac{v^2}{c^2}}$ verkürzt erscheint. Natürlich hat diese Annahme zur Folge, daß dem bewegten Beobachter auch die vom ruhenden beobachtete Zeit in demselben Verhältnis verkürzt erscheint, d. h. die ruhende Uhr scheint ihm langsamer zu gehen; denn soll $t'_A = t_B = 12$ sein, während

$$t_A = \frac{t_B}{\sqrt{1 - \frac{v^2}{c^2}}} = 16{,}2 \text{ ist, so muß}$$

$t'_A = t_A \cdot \sqrt{1 - \frac{v^2}{c^2}} = 16{,}2 \cdot 0{,}745$, also ungefähr $= 12$, genommen werden.

Es fragt sich nun, wie bei der Einrichtung des graphischen Fahrplans dieser Verkürzung von Länge und Zeit Rechnung zu tragen ist.

Soll der fahrende Beobachter auf seiner Zuglinie als t'-Achse (siehe Fig. 6, wo diese Linie rot gezeichnet ist) wieder die Zeit messen können, so muß die der Zeiteinheit auf der t-Achse entsprechende Strecke, die früher $OE' = OE \cdot \sqrt{1+v^2} = OE \cdot \sqrt{1+\frac{4}{9}}$ war, jetzt so eingerichtet werden, daß sie nach der Verkürzung gleich OE' wird, also wenn wir sie mit OE_v bezeichnen, so muß

$$OE_v \cdot \sqrt{1 - \frac{v^2}{c^2}} = OE' = OE \cdot \sqrt{1+v^2} = OE \cdot \sqrt{\tfrac{13}{9}},$$

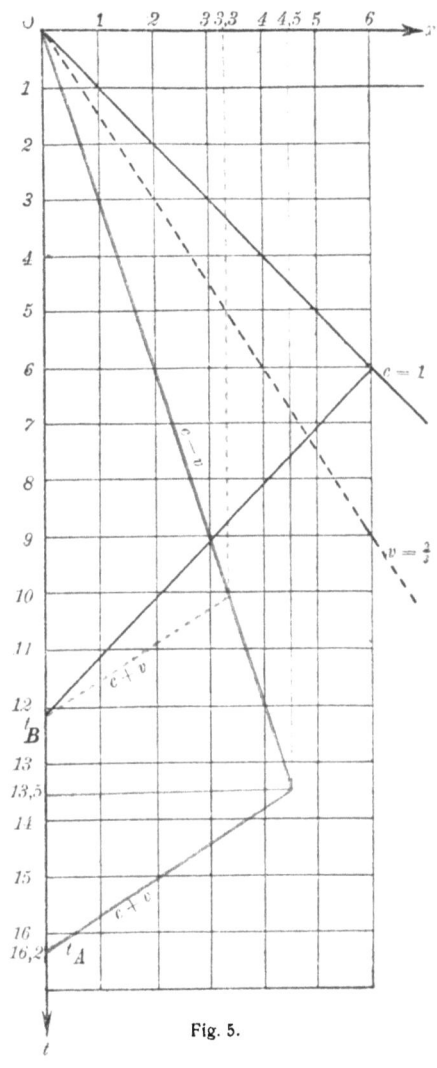

Fig. 5.

4. Die Lorentzsche Verkürzung und die Lorentztransformation

also $OE_v = OE \cdot \sqrt{\dfrac{1+v^2}{1-\dfrac{v^2}{c^2}}} = OE \cdot \sqrt{\dfrac{\frac{13}{9}}{1-\frac{4}{9}}} = OE \cdot 1{,}6$

sein. Die Konstruktion von OE_v kann wie folgt ausgeführt werden: Man schlägt (Fig. 6) über OE als Durchmesser einen Kreis, trägt auf ihn von E aus die Sehne $v = EE'$ ab nach G, dann ist nach Pythagoras $OG = OE \cdot \sqrt{1-v^2}$ die verkürzte Einheitsstrecke (wo wir jetzt c gleich 1 genommen haben). Trägt man OG nun von O aus auf die t-Achse nach E_0 ab, und zieht durch E die Parallele zu $E_0 E'$, so trifft diese die t'-Achse in dem Punkte E_v, denn es ist

$OE : OE_0 = OE_v : OE'$,

also in der Tat

$OE_v = OE' \cdot \dfrac{OE}{OE_0}$

$= OE' \cdot \dfrac{1}{\sqrt{1-v^2}}$.

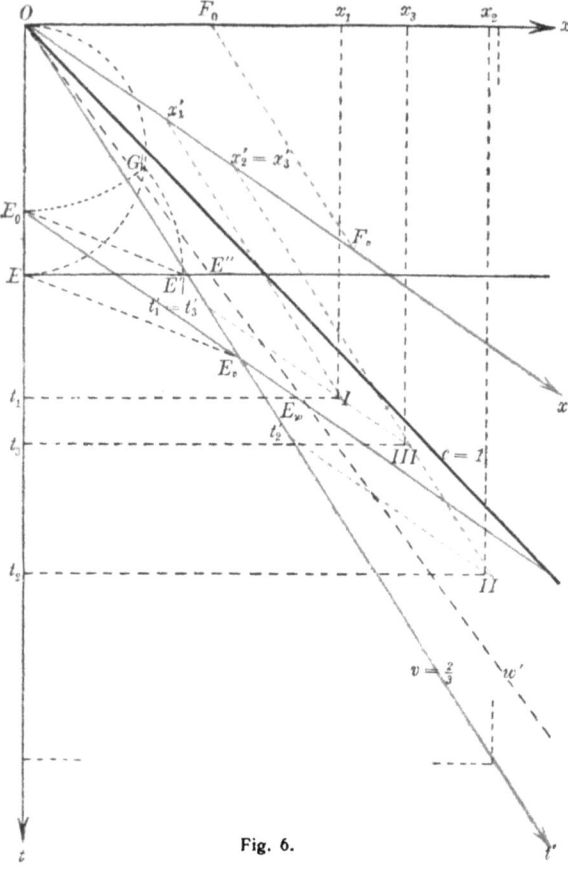

Fig. 6.

Es kann aber jetzt auch die Raumachse nicht ihre alte Richtung beibehalten; die zu der neuen Zeitachse gehörige Geschwindigkeitslinie muß nämlich einerseits durch den Einheitspunkt E_v der t'-Achse hindurchgehen und muß andrerseits auf der alten Zeitachse t die verkürzte Einheitsstrecke OE_0 abschneiden und zu dieser Geschwindigkeitslinie $E_0 E_v$ (rot in der Figur 6) muß nun offenbar die neue Raumachse (die wir als x'-Achse bezeichnen) parallel laufen. — Durch Rechnung kann man dasselbe wie folgt einsehen: Während früher $x' = x - vt$, $x = x' + vt'$, $t = t'$ war, muß jetzt gemäß der Lorentzverkürzung

4. Die Lorentzsche Verkürzung und die Lorentztransformation 15

(2) $\quad x' \cdot \sqrt{1 - \frac{v^2}{c^2}} = x - vt, \quad x \cdot \sqrt{1 - \frac{v^2}{c^2}} = x' + vt'$

sein. Nun sind die zu dem Punkte E_0 gehörigen t, x-Werte $t = \sqrt{1 - \frac{v^2}{c^2}}$, $x = 0$, folglich nach den Formeln (2) die entsprechenden t', x'-Werte, $t' = 1$, $x' = -v$, die Verbindungslinie der beiden Punkte E_0, E_v läuft also in der Tat zur x'-Achse parallel.

Man kann noch weiter bemerken, daß die zu E_v gehörigen t', x'-Werte $t' = 1$, $x' = 0$, also die entsprechenden t, x-Werte, nach den Formeln (2),

$$t = \frac{1}{\sqrt{1 - \frac{v^2}{c^2}}}, \quad x = \frac{v}{\sqrt{1 - \frac{v^2}{c^2}}},$$

sind; hiernach läßt sich die Geschwindigkeit angeben, die der x'-Achse entspricht, wenn man sie als Zuglinie in dem System t, x betrachtet. Diese Geschwindigkeit wird nämlich gefunden, indem man das Verhältnis $HE_v : HE_0$ berechnet, wo H den Fußpunkt des vom Punkte E_v auf die t-Achse gefällten Lotes bezeichnet. Nun geben HE_v und OH durch die Einheitsstrecke OE gemessen die zu dem Punkte E_v gehörigen x- und t-Werte, wir haben also

$$HE_v = v \cdot \frac{OE}{\sqrt{1 - \frac{v^2}{c^2}}}, \quad OH = \frac{OE}{\sqrt{1 - \frac{v^2}{c^2}}}$$

und da OE_0 die verkürzte Einheitsstrecke OE sein sollte,

$$OE_0 = OE \cdot \sqrt{1 - \frac{v^2}{c^2}};$$

da nun $E_0 H = OH - OE_0$ ist, so ergibt eine kleine Rechnung

$$\frac{HE_v}{E_0 H} = \frac{c^2}{v},$$

also für unsere Werte $c = 1$, $v = \frac{2}{3}$ den Wert $\frac{3}{2}$; d. h. die x'-Achse ist die Zuglinie des alten t, x-Systems, die zu der Geschwindigkeit $\frac{c^2}{v}$ gehört. Um auch noch die Einheitsstrecke der x'-Achse zu erhalten, tragen wir zunächst auf der x-Achse die verkürzte Einheitsstrecke $OE_0 = OE \cdot \sqrt{1 - \frac{v^2}{c^2}}$ nach F_0 ab, dann sind die zu F_0 gehörigen t, x-Werte $t = 0$, $x = \sqrt{1 - \frac{v^2}{c^2}}$, somit die entsprechenden t', x'-Werte $t' = \frac{v}{c^2}$, $x' = 1$; man findet also den Endpunkt F_v der Einheitsstrecke auf der x'-Achse, indem man man von F_0 aus eine Parallele zur t'-Achse

4. Die Lorentzsche Verkürzung und die Lorentztransformation

legt und diese mit der x'-Achse zum Schnitt bringt. Zu diesem Punkte F_v gehören die Werte $t' = 0$, $x' = 1$ und demnach die Werte

$$t = \frac{v}{c^2} \cdot \frac{1}{\sqrt{1-\frac{v^2}{c^2}}}, \quad x = \frac{1}{\sqrt{1-\frac{v^2}{c^2}}},$$

nach dem Pythagoreischen Lehrsatz ist also

$$OF_v = \sqrt{x^2 + t^2} \cdot OE = \frac{\sqrt{1+\frac{v^2}{c^4}}}{\sqrt{1-\frac{v^2}{c^2}}} \cdot OE.^{1)}$$

Mit diesen neuen t'- und x'-Achsen und den zugehörigen Einheitsstrecken kann nunmehr der graphische Fahrplan völlig ebenso benutzt werden, wie für das ursprüngliche t, x-System und es gilt darin die Lorentzsche Verkürzungshypothese, d. h. für die Geschwindigkeit v gibt der Michelsonsche Versuch das mit der Erfahrung übereinstimmende Ergebnis.

Die Umformungsgleichungen der Systeme t, x und t', x' ineinander lauten jetzt

(3)
$$x' = \frac{x - vt}{\sqrt{1-\frac{v^2}{c^2}}}, \quad t' = \frac{t - x \cdot \frac{v}{c^2}}{\sqrt{1-\frac{v^2}{c^2}}},$$

$$x = \frac{x' + vt'}{\sqrt{1-\frac{v^2}{c^2}}}, \quad t = \frac{x' \cdot \frac{v}{c^2} + t'}{\sqrt{1-\frac{v^2}{c^2}}},$$

man bezeichnet sie nach H. Poincaré als Lorentztransformation; sie stellen in der neuen, durch die Erfahrung begründeten Auffassung den Übergang zwischen zwei Systemen her, von denen im Sinne des Relativitätsprinzips das eine als ruhend, das andere als mit der Geschwindigkeit v bzw. $-v$ bewegt angesehen werden kann. Auch diese Transformationen bilden eine Gruppe in dem Sinne, daß zwei derselben hintereinander angewandt wieder eine Transformation derselben Form ergeben; es ist die sogenannte Lorentzgruppe. Die Transformationen dieser Gruppe können auch wieder, wie die der Galileigruppe, als Verzerrungen der t, x-Ebene aufgefaßt werden, es sind auch wieder besondere Fälle projektiver Transformationen, wie sie bei der perspektivischen Abbildung eines Gegenstandes (Photographie) auftreten, und weiter besondere Fälle stetiger Verzerrungen der Ebene in sich selbst.

---

[1] In der Fig. 6 ist, da $c = 1$ genommen wurde, $OF_v = OE_v$.

Der wesentliche Unterschied, der zwischen einer Lorentztransformation und einer Galileitransformation besteht, ist der, daß bei der Galileitransformation die auf der t'-Achse gemessene Zeit dieselbe war, wie die auf der t-Achse gemessene, während bei der Lorentztransformation t' nicht gleich t ist, sondern von dem Orte abhängt, an dem sich der fahrende Beobachter gerade befindet. Lorentz nennt t' die **Eigenzeit** des bewegten Punktes und stellt ihr t als **Ortszeit** gegenüber. Damit hängt es zusammen, daß wir früher (bei der Galileitransformation) bei beliebiger Wahl der t'-Achse die x-Achse als Raumachse stets beibehalten konnten, während jetzt zwar die t'-Achse auch beliebig gewählt werden kann, aber die Lage der neuen Raumachse dadurch schon vollkommen festgelegt ist. Den tieferen Grund für diesen bemerkenswerten Zusammenhang, der in der Lorentzschen Theorie zwischen Raum und Zeit herrscht, werden wir jetzt aufzuzeigen suchen.

5. Konstanz der Lichtgeschwindigkeit. Das neue Gesetz für die Zusammensetzung der Geschwindigkeiten. Der Fizeausche Versuch. Das Lorentz-Einsteinsche Relativitätsprinzip.

Wir betrachten die Zuglinie des Lichtstrahls in unserem graphischen Fahrplan (Fig. 6). In dem t, x-System ist die Lichtgeschwindigkeit $x : t = c$, in unserer Zeichnung haben wir $c = 1$ genommen. Für das gegen das t, x-System mit der Geschwindigkeit v (in der Zeichnung ist $v = \frac{2}{3}$) bewegte t', x'-System folgt dann aus den Gleichungen der Lorentztransformation $x' : t' = c$, d. h. **die Lichtgeschwindigkeit hat bezogen auf das bewegte System denselben Wert wie bezogen auf das ruhende System**. Natürlich gilt das gleiche auch für die Geschwindigkeit $- c$.

Wir erkennen nun mit voller Deutlichkeit, woran es liegt, daß die Wahl der neuen Zeitachse t' auch eine neue Raumachse x' bedingt; der Grund ist eben die **Konstanz der Lichtgeschwindigkeit**. Dieselbe Zuglinie, der im alten t, x-System die Geschwindigkeit c oder $- c$ entsprach, muß auch im neuen t', x'-System zu derselben Geschwindigkeit gehören; wenn z. B. wie in unserer Zeichnung $c = 1$ ist, die zugehörige Zuglinie also den Winkel zwischen der t- und x-Achse halbiert, so muß dieselbe Zuglinie auch den Winkel zwischen der t'- und x'-Achse halbieren. Wir können sagen: die zwischen Raum und Zeit in der Lorentztheorie bestehende Beziehung wird durch die Konstanz der Lichtgeschwindigkeit bedingt.

Wir hatten schon oben (S. 11) bemerkt, daß Lorentz aus gewissen theoretischen Erwägungen heraus erschlossen hatte, die Lichtgeschwindigkeit müsse einen von dem Bewegungszustande der Lichtquelle unabhängigen Wert besitzen; diese Erwägungen bilden also eine starke Stütze für die neue Theorie. Eine weitere Bestätigung für sie ergibt sich aus der folgenden Betrachtung.

Die Konstanz der Lichtgeschwindigkeit ist nur ein besonderer Fall des Gesetzes über die Zusammensetzung der Geschwindigkeiten, das wir jetzt entwickeln wollen.

Bei der Wahl von v haben wir die stillschweigende Voraussetzung gemacht, daß v eine Unterlichtgeschwindigkeit, d. h. **kleiner als die Lichtgeschwindigkeit c** sei, so daß die neue Zeitachse t' zwischen der t-Achse und der Zuglinie des Lichtstrahls gelegen ist. Daß ein v, das größer ist als c, in der Natur bisher nicht beobachtet worden ist, haben wir schon oben (S. 8) angemerkt; aber es ist auch sofort zu sehen, daß unter der Lorentzschen Verkürzungsannahme eine Geschwindigkeit, die größer wäre als die des Lichts (Überlichtgeschwindigkeit), nicht gedacht werden kann. Die mit der Geschwindigkeit v bewegte Länge erscheint ja im Verhältnis $1 : \sqrt{1 - \frac{v^2}{c^2}}$ verkürzt, also wenn $v = c$ ist, so wird sie auf Null verkürzt, für ein v, das größer ist als c, würde sie imaginär werden, was keinen Sinn gibt. — Wir nehmen also ein beliebiges v, das kleiner ist als c, und das zugehörige System t', x'. In diesem betrachten wir eine gleichförmige Bewegung mit der auf das System t', x' bezogenen Geschwindigkeit w', wo natürlich auch w' wieder kleiner als c sein soll (die entsprechende Zuglinie ist in der Fig. 6 schwarz durchbrochen). Es ist also für diese Bewegung $x' : t' = w'$. In der Galileitheorie ergäbe sich für diese Bewegung bezogen auf das t, x-System die zusammengesetzte Geschwindigkeit $v + w'$; sehen wir zu, was die Lorentzsche Theorie ergibt.

Setzt man aus den Gleichungen (3) für x' und t' ihre Werte in $x' = w't'$ ein, so findet man:
$$x - vt = w'\left(t - x \cdot \frac{v}{c^2}\right),$$

woraus sich
$$x = t \cdot \frac{v + w'}{1 + \frac{vw'}{c^2}}$$

berechnet. Die zusammengesetzte Geschwindigkeit hat demnach den Wert

(4) $$W = \frac{v + w'}{1 + \frac{vw'}{c^2}}.$$

Beachtet man, daß $\frac{v}{c}$ und $\frac{w'}{c}$ kleiner sind als 1, so erkennt man sofort, daß

5. Konstanz der Lichtgeschwindigkeit usw.

$$W = \frac{c\left(\frac{v}{c} + \frac{w'}{c}\right)}{1 + \frac{v}{c} \cdot \frac{w'}{c}} < c$$

ist; man kann also durch Zusammensetzen von Unterlichtgeschwindigkeiten niemals eine Überlichtgeschwindigkeit erzielen, ein immerhin überraschendes Ergebnis, das aber auch in unserem graphischen Fahrplan (Fig. 6) deutlich veranschaulicht werden kann, wenn wir die zu der Geschwindigkeit w' gehörige Zuglinie und die Geschwindigkeitslinien der beiden Systeme t, x und t', x' ins Auge fassen. Die Geschwindigkeitslinie des t', x'-Systems ist, wie wir gesehen haben, die Gerade $E_0 E_v$, das auf ihr zwischen der t'-Achse und der zu w' gehörigen Zuglinie gelegene Stück $E_v E_w$ ist w'; das auf der Geschwindigkeitslinie des t, x-Systems zwischen t-Achse und Zuglinie gelegene Stück EE'' ist W. Man sieht sofort, wenn die Zuglinie zwischen t'-Achse und Lichtgeschwindigkeitslinie ($c = 1$ in der Fig. 6) verläuft, so ist W stets kleiner als c (in der Figur kleiner als $OE = 1$).[1]

Die Transformationen der Lorentzgruppe können vermöge der Konstanz der Lichtgeschwindigkeit auch dahin charakterisiert werden, daß sie projektive Transformationen sind, die die beiden zu den Geschwindigkeiten $+ c$ und $- c$ gehörigen Zuglinien ungeändert lassen.[2] Bei den Transformationen der Galileigruppe war die x-Achse, d. h. die Zuglinie der unendlich großen Geschwindigkeit ungeändert geblieben: die Lichtgeschwindigkeit spielt also in der Lorentzschen Theorie dieselbe Rolle, wie die unendlich große Geschwindigkeit in der von Galilei. Umgekehrt gehen, wenn wir in den Formeln (3) der Lorentztransformation und in der Formel (4) für die Zusammensetzung der Geschwindigkeiten die Lichtgeschwindigkeit c unendlich groß werden lassen, diese Formeln in die entsprechenden der Galileischen Lehre über, so daß wir

---

[1] Es mag hier an eine Stelle in Lessings Faustfragment (siehe den 17. der „Briefe, die neueste Literatur betreffend") erinnert werden, in der Faust von sieben höllischen Geistern den schnellsten auswählen will. Nachdem die ersten ihrer allzu geringen Geschwindigkeit wegen abgelehnt worden sind, meldet sich als vierter Jutta, der von sich sagt, er fahre auf den Strahlen des Lichts. „O ihr", erwidert Faust, „deren Schnelligkeit durch endliche Zahlen auszudrücken, ihr Elenden!" — „Würdige sie deines Unwillens nicht", sagt darauf der fünfte Teufel, „sie sind nur Satans Boten in der Körperwelt; wir sind es in der Welt der Geister, uns wirst du schneller finden." — Wie hätte sich wohl ein moderner Faust in dieser Lage verhalten?

[2] In der Sprache der Algebra heißt dies, daß das Gebilde $x^2 - c^2 t^2 = (x - ct) \cdot (x + ct)$ durch die Transformationen der Lorentzgruppe in sich selbst, also in $x'^2 - c^2 t'^2$ verwandelt wird, was durch Rechnung auch sofort bestätigt werden kann.

sagen können: Die Galileische Theorie stellt eine Annäherung an die von Lorentz dar für Geschwindigkeiten v, die so klein sind, daß im Verhältnis zu v die Lichtgeschwindigkeit c unendlich groß erscheint. In diesem Sinne wird also die Lorentzsche Lehre als eine Verfeinerung der Galileischen zu bezeichnen sein.

Die neue Formel (4) für die Zusammensetzung der Geschwindigkeiten gestattet nun das Ergebnis eines älteren Versuchs von Fizeau zu erklären, der nach der Galileischen Lehre unerklärt geblieben war. Dieser schon oben erwähnte Versuch bezieht sich auf die Fortpflanzungsgeschwindigkeit des Lichtes in einer strömenden Flüssigkeit und zeigt eine gewisse Ähnlichkeit mit dem von Michelson.

Im ruhenden Wasser ist die Fortpflanzungsgeschwindigkeit des Lichts $v = \dfrac{c}{n}$, wo n der Brechungsexponent des Wassers (etwa gleich $\tfrac{4}{3}$) ist. Bewegt sich das Wasser in einer ruhenden Röhre in der Richtung der Fortpflanzung des Lichts mit der Geschwindigkeit w, so wäre nach der Lehre von Galilei die Lichtgeschwindigkeit relativ zu der ruhenden Rohrwand $\dfrac{c}{n} + w$. Fizeau fand sie aber gleich

(5) $$W = \frac{c}{n} + w\left(1 - \frac{1}{n^2}\right),$$

ein Ergebnis, das von späteren Experimentatoren bestätigt wurde. Fresnel nannte den Faktor $\left(1 - \dfrac{1}{n^2}\right)$ den Mitführungskoeffizienten des Wassers; die Art, wie er die Abweichung dieses Koeffizienten von 1 erklärte, befriedigte aber nicht vollständig. Nach der Formel (4) der Lorentzschen Theorie ergäbe sich für W der Wert

$$W = \frac{\dfrac{c}{n} + w}{1 + \dfrac{cw}{nc^2}} = \left(\frac{c}{n} + w\right)\left(1 + \frac{w}{nc}\right)^{-1},$$

wofür man (vgl. S. 9, Fußnote 1)), wenn $\dfrac{w}{nc}$ klein ist, setzen kann:

$$W = \left(\frac{c}{n} + w\right)\left(1 - \frac{w}{nc}\right) = \frac{c}{n} + w - \frac{w}{n^2} - \frac{w^2}{nc},$$

und indem man wieder in $w - \dfrac{w^2}{nc} = w\left(1 - \dfrac{w}{nc}\right)$ die kleine Größe $\dfrac{w}{nc}$ neben 1 vernachlässigt, erhält man in Übereinstimmung mit Fizeau den Wert (5).

Wir haben damit eine neue und wichtige Bestätigung der Lorentzschen Theorie erhalten. Zum Schluß dieses Abschnitts noch einige Bemerkungen.

In der Galileischen Relativitätsauffassung haben wir schon gesehen, daß Ereignisse für das mit der Geschwindigkeit v bewegte System (den fahrenden Beobachter) gleichortig erscheinen können, die es für das ruhende System nicht sind (s. oben S. 5); sie lagen auf einer zu der t'-Achse parallelen Geraden. Natürlich ist dasselbe auch in der Lorentzschen Auffassung möglich; so gehört zu den beiden Ereignissen II und III der Fig. 6[1]) derselbe Wert von x', während ihnen verschiedene Werte von x entsprechen. Neu ist aber hier die Möglichkeit, daß zwei Ereignisse für das bewegte System gleichzeitig erscheinen können, die es für das ruhende System nicht sind; so in der Fig. 6 die Ereignisse I und III, denen derselbe Wert von t', aber verschiedene Werte von t zugehören. Man kann sogar sagen, daß zwei Ereignisse, die einander mit Überlichtgeschwindigkeit erreichen können, d. h. deren Verbindungslinie zur t-Achse eine größere Neigung hat als die Zuglinie des Lichtstrahls, in einem geeignet gewählten bewegten System stets als gleichzeitig erscheinen. Diese und ähnliche im ersten Augenblick paradox erscheinende Bemerkungen können aus dem graphischen Fahrplan unmittelbar abgelesen werden.

Die hier entwickelte Auffassung bezeichnet man als das Lorentz-Einsteinsche Relativitätsprinzip; wir haben in unsere Darstellung gleich die Ausgestaltung miteinbezogen, die die ursprüngliche Auffassung von Lorentz (die Verkürzungshypothese) durch Einstein und Minkowski erfahren hat. Ehe wir jedoch in eine genauere Erörterung der von diesen beiden Gelehrten aufgestellten Theorien eintreten, müssen wir noch einige geometrische Begriffe besprechen, was im folgenden Abschnitt geschehen soll.

6. Der dreidimensionale Raum. Die Auffassung von Einstein und Minkowski.

In dem graphischen Fahrplan wird die Bewegung der Züge auf einer Fahrstrecke dargestellt; eine zweite Fahrstrecke erfordert einen zweiten solchen Fahrplan, eine dritte einen dritten. Wie aber, wenn eine Station auf zwei verschiedenen Strecken liegt? Z. B. die Station Stockheim unserer Strecke Vilbel—Gedern wird auch von den von Gießen nach Gelnhausen fahrenden Zügen berührt, das kommt in unserem Fahrplan nicht zum Ausdruck und kann in ihm nicht zum Ausdruck gebracht werden. Weshalb? Das soll jetzt zunächst erörtert werden.

Unser Fahrplan zeigt die Stationen einer Fahrstrecke als auf einer geraden Linie liegend; in Wirklichkeit ist das zwar nicht der Fall, denn der

---

1) Die zu dem System t', x' gehörigen Bezugslinien sind rot, die zu dem System t, x gehörigen, schwarz gezeichnet.

die Stationen verbindende Schienenstrang erscheint, wenn wir ihn etwa auf der Landkarte verfolgen, nicht geradlinig, sondern gekrümmt, d. h. er ändert vielfach seine Richtung. Aber das ist nicht erheblich, denn wir können ihn uns wie einen unausdehnbaren Draht zu einer Geraden ausgestreckt (verbogen!) denken, wobei sogar die Abstände seiner einzelnen Punkte voneinander nicht geändert werden, so daß die Kilometerangaben auf der Raumachse genau der Wirklichkeit entsprechen. Wollen wir aber eine Zugkreuzung verschiedener Eisenbahnlinien zur Anschauung bringen, wie sie z. B. für die Linien Vilbel—Gedern und Gießen—Gelnhausen in Stockheim stattfindet, so bedürfen wir hierzu einer **Landkarte**, und diese ist ein ebenes Blatt, das auf eine gerade Linie nicht **gegenseitig eindeutig und stetig** bezogen werden kann. (Gegenseitig eindeutig heißt, daß jedem Punkte des ebenen Blattes ein und nur ein Punkt der Geraden entsprechen soll, und stetig heißt, daß unendlich benachbarten Punkten des ebenen Blattes auch unendlich benachbarte Punkte der geraden Linien entsprechen sollen, und umgekehrt.) Während die gerade oder eine krumme Linie nur eine Abmessung hat, besitzt das ebene Blatt deren zwei; wir sehen dabei, daß die Eigenschaft der Landkarte, eben zu sein, wieder nicht erheblich ist, denn denken wir uns die in Betracht kommende Gegend etwa auf einem Globus dargestellt, so fällt die Ebenheit weg, aber die zwei Abmessungen bleiben bestehen.

Wollen wir **verschiedene** Fahrstrecken auf **einem** graphischen Fahrplan darstellen, so müssen wir die Zeitachse an eine **Landkarte** ansetzen, und es entfällt die Möglichkeit, diesen Fahrplan in einer ebenen Zeichnung wiederzugeben; wir müssen vielmehr ein räumliches Netz entwerfen, in dem die einzelnen Zuglinien jetzt etwa durch Drähte versinnlicht sein werden. Ein solches Netz ist praktisch schwer zu handhaben, deshalb wird es auch nicht angewendet; aber wir müssen doch noch einige Worte darüber sagen.

Auf unserer Raumachse war jede Station durch ihren Abstand x von der Ausgangsstation, also durch **eine** Zahlgröße, **eine** Abmessung bestimmt, auf der Landkarte brauchen wir deren **zwei**, nämlich die geographische Länge und Breite. Jede Landkarte ist mit einem Netz von geraden oder schwach gekrümmten Linien überzogen, die sich rechtwinklig schneiden und den Breiten- und Längenkreisen auf der Erde entsprechen. Die Breitenkreise laufen dem Äquator parallel, die Meridiane verlaufen, wenigstens für kleine Gebiete, parallel zum Anfangsmeridian, dem von Ferro oder von Greenwich. Nennen wir die geographische Länge eines Ortes x, seine geographische Breite y, so haben wir die Möglichkeit, durch diese beiden Zahlen — den **Bezugsgrößen** oder **Koordinaten** des Ortes — die Lage des Ortes auf der Landkarte zu bestimmen. Kommt nun noch die Zeitachse t hinzu, die wir uns

6. Der dreidimensionale Raum. Die Auffassung von Einstein u. Minkowski

in einem ganz beliebig gewählten Punkte unserer Landkarte (dem Anfangspunkte O) senkrecht nach unten gezogen denken können, so stellt sich die Bewegung eines mit gleichförmiger Geschwindigkeit auf geradliniger Strecke fahrenden Eisenbahnzuges durch eine im Raum verlaufende Gerade als Zuglinie dar. Ein Punkt dieser Zuglinie bestimmt durch die ihm entsprechenden drei Werte t, x, y die Lage des Zuges zu einer bestimmten Zeit t und es gelten dann ganz ähnliche Gesetze wie für den ebenen graphischen Fahrplan. Eine Zugkreuzung für verschiedene Fahrstrecken zeigt sich darin, daß sich die betreffenden Zuglinien im Raume in einem Punkte treffen, der dann senkrecht unterhalb der Kreuzungsstation auf der Landkarte liegt.

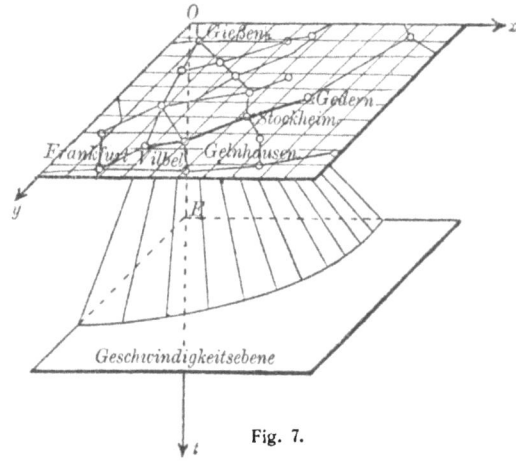

Fig. 7.

Betrachten wir wieder einen vom Anfangspunkte O (Fig. 7) mit der Geschwindigkeit v ausfahrenden Zug, so wird seine Geschwindigkeit gemessen durch die Neigung seiner Zuglinie zur Zeitachse t, oder wenn wir uns durch den Einheitspunkt E der t-Achse eine zu der Landkarte (der Raumebene) parallele Ebene, die Geschwindigkeitsebene, gelegt denken, durch die Länge der in dieser Ebene zwischen der Zeitachse und der Zuglinie gelegenen geradlinigen Strecke EE'. Alle Zuglinien, die demselben Werte der Geschwindigkeit v entsprechen, liegen daher auf einem Kreiskegel, der die Geschwindigkeitsebene in dem um E als Mittelpunkt mit dem Halbmesser $v = EE'$ beschriebenen Kreise schneidet.

In der Galileischen Relativitätstheorie können wir die Zuglinie t' wieder als neue Zeitachse nehmen unter Beibehaltung der Landkarte als Raumebene x, y. Wollen wir aber die Lorentz-Einsteinsche Lehre zur Geltung bringen, d. h. soll die Lichtgeschwindigkeit c konstant sein, so ist mit der Wahl der neuen Zeitachse t' auch eine neue x'- und y'-Achse festgelegt, die natürlich jetzt weder zueinander noch zur t'-Achse rechtwinklig liegen werden. Die Aufstellung der entsprechenden Gleichungen der Lorentztransformation bietet keinerlei Schwierigkeiten, sie sind natürlich etwas komplizierter als in dem Falle einer einzigen räumlichen Abmessung. Wir können sie charakterisieren als projektive Verzerrungen des t, x, y-Raumes in sich selbst, bei denen die Gesamtheit aller Zuglinien, die der Lichtgeschwindigkeit c entsprechen, also der von diesen Zuglinien gebildete Kreiskegel, als Ganzes ungeändert bleibt. Algebraisch heißt das, daß der Ausdruck $x^2 + y^2 - c^2 t^2$ durch diese Verzerrungen oder Transformationen in sich selbst übergeführt wird.

Aber damit nicht genug! Auf unserer Landkarte erscheinen alle Orte als in einer Ebene gelegen; wollen wir auch noch ihre Höhenlage zur Darstellung bringen (was ja auf den Landkarten gewöhnlich durch verschiedene Färbung bewirkt wird), so müssen wir eine **Reliefkarte**, d. h. ein räumliches Modell der ganzen Gegend herstellen, wo dann die x, y-Ebene etwa als die Oberfläche des Meeresspiegels erscheinen und die Höhen der einzelnen Orte über dem Meere auf einer dritten Achse, der z-Achse zu messen sein werden. — Aber für die Zeitachse t bleibt dann im wahren Sinne des Wortes kein **Raum** mehr! Die Anschauung hört auf, wir müssen gedanklich eine vierte Abmessung (Dimension) heranziehen, die sich darin kund gibt, daß jetzt ein Ereignis (Ort und Zeit eines fahrenden Zuges) durch vier Zahlgrößen t, x, y, z festgelegt erscheint, was mathematisch keinerlei Schwierigkeiten verursacht. Erst auf diese Weise bekommen wir ein vollkommen getreues Abbild des Weltgeschehens.

Daß übrigens in der Mechanik, d. h. bei der Betrachtung bewegter Gegenstände, **vier** Abmessungen in Frage kommen, hatte schon **Lagrange** erkannt, als er in seiner Analytischen Mechanik (Paris 1788) die Mechanik als eine vierdimensionale Geometrie bezeichnete. Aber in der klassischen Mechanik war die Gleichstellung der Zeit t mit den drei räumlichen Abmessungen x, y, z nicht so zwingend, weil nach der Theorie von Galilei keine so feste Verknüpfung zwischen Raum und Zeit besteht wie nach der von Lorentz-Einstein, wo ja nach Wahl der neuen Zeitachse vermöge der Konstanz der Lichtgeschwindigkeit die neuen Raumachsen x', y', z' festgelegt erscheinen.

Lorentz selbst hatte aus seiner Verkürzungshypothese nur die Folgerung gezogen, daß für einen mit gleichbleibender Geschwindigkeit bewegten Gegenstand neben der Ortszeit t noch seine Eigenzeit t' in Betracht zu ziehen sei. Erst **Einstein** hat hervorgehoben, daß vermöge des Prinzips der Relativität t' dem t völlig gleichberechtigt gegenübersteht und **Minkowski** zog dann den Schluß, daß das neue Prinzip zwischen der Zeit t und den drei räumlichen Abmessungen eine so unlösliche Verbindung herstellt, daß nur die Zusammenfassung der vier Abmessungen t, x, y, z das eigentlich Reale, die wirkliche **Welt** gibt. Wenn wir das räumliche Geschehen auf ein Gebiet von einer Abmessung beschränken, so sehen wir die Minkowskische Auffassung schon in dem gewöhnlichen graphischen Fahrplan vorbereitet. Diese Beschränkung bedingt nicht die Preisgabe irgendeines wesentlichen Gesichtspunktes, sie bringt aber den Vorteil, daß an Stelle der für die Anschauung unzugänglichen vierdimensionalen Welt, die durch eine Zeichnung zu versinnlichende zweidimensionale tritt. Wir werden uns deshalb auch im folgenden zumeist auf diese zweidimensionale Welt beschränken, um des Hilfsmittels der graphischen Darstellung nicht entraten zu müssen.

Es wird nun zweckmäßig sein, wenn wir den weiteren physikalisch-mechanischen Betrachtungen einige Bemerkungen über die Abmessungen des Raumes und über die Eigenschaften räumlicher Gebilde vorausschicken.

7. Mehrfach ausgedehnte Mannigfaltigkeiten. Die Gaußsche Lehre von den Flächen. Verbiegung. Krümmung. Linienelement. Riemanns Verallgemeinerung.

Die Frage, weshalb die räumliche Anschauung des Menschen auf drei Abmessungen beschränkt ist, gehört in das Gebiet der Psychologie und Physiologie. Der russische Physiologe E. von Cyon hat nachzuweisen gesucht, daß das Raumbewußtsein seinen Sitz im Ohre habe, wo die drei Bogengänge (canales semicirculares), die das Organ des Gleichgewichts bei den Bewegungen sind, in drei aufeinander senkrechten Ebenen, wie die Ebenen eines räumlichen Bezugsystems angeordnet erscheinen. Diesem Umstande schreibt es von Cyon zu, daß unsere Raumanschauung eine dreidimensionale ist; er will bei einer Art von Fischen, den Neunaugen (Lampreten), deren Ohr nur zwei Bogengänge hat, und den sogenannten japanischen Tanzmäusen, deren Ohr nur einen Bogengang aufweist, nachgewiesen haben, daß ihnen die Vorstellung der den fehlenden Bogengängen entsprechenden Abmessungen abgeht. Von diesen Feststellungen ganz abgesehen, kann man sich sehr wohl Wesen, sogar denkende Wesen vorstellen, die nur zweidimensional, ja nur eindimensional veranlagt sind, und dies erleichtert auch die Vorstellung von Wesen, deren Raumanschauung über die drei Abmessungen der Länge, Breite und Höhe hinausgeht. Englische Schriftsteller haben sich darin gefallen, in der Form wissenschaftlicher Erzählungen die Verhältnisse in solchen Welten auszumalen, deren Raum weniger oder mehr als drei Abmessungen zeigt. Für den Mathematiker aber ist es ganz belanglos, ob er mit einer, mit zwei oder mit beliebig vielen Abmessungen rechnet. Wir wollen nun vorerst eine wichtige Eigenschaft der Zahl hervorheben, die die Anzahl der Abmessungen eines geometrischen Gebildes angibt.

Es war schon wiederholt von der gegenseitig eindeutigen und stetigen

Beziehung zwischen zwei geometrischen Gebilden die Rede, einer Beziehung, die man auch als stetige Verzerrung oder Deformation ansprechen kann. Eigenschaften geometrischer Gebilde, die bei jeder stetigen Deformation erhalten bleiben, gehören der primitivsten geometrischen Disziplin an, der sogenannten Analysis oder Geometria Situs. Man kann solche Eigenschaften an einer noch so verzerrten Zeichnung, an einem noch so entstellten Modell nachweisen, wenn nur die Bedingungen der gegenseitigen Eindeutigkeit und der Stetigkeit gewahrt bleiben. Die Anzahl der Abmessungen ist nun eine solche Eigenschaft, die der Geometria Situs angehört; eine andere ist die sogenannte Zusammenhangszahl eines Flächenstückes, d. h. die kleinste Anzahl von Querschnitten, die stets ausreicht, um das Flächenstück in getrennte Stücke zu zerfällen. Aus einem Stück Tuch kann man durch stetige Deformation keinen Rock herstellen, man muß Nähte anbringen, durch die die Stetigkeit der Deformation aufgehoben wird. Das Stück Tuch ist einfachzusammenhängend, weil es durch jeden Querschnitt in getrennte Stücke zerfällt, der Rock dagegen ist mehrfachzusammenhängend. — Doch dies nur beiläufig. — Wir halten fest: Durch stetige Deformation wird die Anzahl der Abmessungen nicht geändert; ein einfachzusammenhängendes Flächenstück geht wieder in ein einfachzusammenhängendes Flächenstück über, und umgekehrt können zwei einfachzusammenhängende Flächenstücke stets stetig ineinander deformiert werden.

Denken wir uns nun durch stetige Deformation eines ebenen Flächenstückes, z. B. eines graphischen Fahrplanes oder einer Landkarte, ein gekrümmtes Flächenstück im Raume entstanden, so überträgt sich die Art, wie auf der Landkarte die Lage eines Punktes durch seine geographische Länge und Breite bestimmt wurde, auf das gekrümmte Flächenstück, nur werden natürlich die Parallelen zum Äquator und die zum Anfangsmeridian der Landkarte in ein Netz von krummen Linien auf dem gekrümmten Flächenstück übergegangen sein. Wir können aber diese krummen Linien auch als Bezugslinien oder Koordinatenlinien auf der krummen Fläche bezeichnen und sagen, daß ein Punkt dieser krummen Fläche durch die auf der Fläche gemessenen Längen der durch ihn hindurchgehenden Bezugslinien, also wieder durch ein Zahlenpaar gegeben wird. Man nennt ein solches Bezugsystem auf einer krummen Fläche ein Gaußsches, weil Gauß diese Art von Bestimmung der Punkte einer Fläche zuerst eingeführt hat (1828 in seinen aus der Beschäftigung mit Problemen der höheren Geodäsie heraus entstandenen Disquisitiones generales circa superficies curvas). Man übersieht sofort, daß man auf einer Fläche unzählig viele verschiedene Gaußsche Bezugsysteme einführen kann, und daß der Übergang von einem solchen

7. Mehrfach ausgedehnte Mannigfaltigkeiten usw. 27

Bezugsystem zu einem andern einer stetigen Deformation der Fläche in sich selbst entspricht, ähnlich wie es für unseren graphischen Fahrplan bei dem Übergang von einem Bezugsystem t, x zu einem anderen t', x' der Fall war. Bei einer solchen stetigen Deformation oder Verzerrung der Fläche in sich selbst bleibt die Fläche als Ganzes ungeändert, während ihre einzelnen Teile sich stetig ineinander deformieren.

Wir betrachten nun allgemein zwei **verschiedene** Flächenstücke, die durch stetige Deformation auseinander hervorgegangen sind. Da ja Dehnung und Zusammenziehung bei der stetigen Deformation nicht ausgeschlossen sind, werden im allgemeinen entsprechende Linien auf diesen beiden Flächenstücken verschieden lang sein. Wollen wir, daß alle auf der betreffenden Fläche gemessenen Längen und damit alle Maße auf der Fläche überhaupt bei der stetigen Deformation erhalten bleiben, so darf die Deformation weder zerren noch zusammenziehen, sie kann also nur eine **Verbiegung** sein. Diese besondere Art von stetiger Deformation ist für uns von der größten Bedeutung.

Im Art. 13 der erwähnten Abhandlung spricht sich Gauß über die Eigenschaften einer Fläche folgendermaßen aus. Betrachten wir, so sagt er, die Fläche nicht als die Begrenzung eines Körpers, sondern selbst als einen Körper, dessen eine Ausdehnung als verschwindend angesehen wird und der biegsam aber nicht dehnbar ist, so werden die Eigenschaften der Fläche teils von der Form abhängen, die die Fläche gerade angenommen hat, teils werden sie absolute sein und ungeändert bleiben, wenn man die Fläche irgendwie verbiegt.[1]

Die letzteren Eigenschaften, die Gauß als **absolute** bezeichnet, werden nur von Messungen innerhalb der Fläche abhängen. Stellen wir uns ein denkendes Wesen vor, das gezwungen ist auf der Fläche zu leben und das kein Bewußtsein von dem dreidimensionalen Raume hat, in dem seine Heimatfläche liegt, dann kann dieses Wesen nur solche Erfahrungen sammeln, die durch Messungen innerhalb der Fläche erzielt werden. Eine Verbiegung der Fläche kann ihm also nicht zum Bewußtsein kommen, es hat vielmehr von seiner Heimatfläche nur die Vorstellung eines zweidimensionalen Gebildes, dem die von Gauß als absolute bezeichneten Eigenschaften zukommen. Diese Vorstellung

---

[1] Flächen, die durch Verbiegung auseinander hervorgehen, können sehr voneinander abweichende Gestalten im Raume zeigen. Z. B. kann ein ebenes Blatt zu einem Zylinder oder einem Kegel verbogen werden. Die Umdrehungsfläche der Kettenlinie — das sogenannte Katenoid — und die gemeine Schraubenfläche gehen durch Verbiegung auseinander hervor, was sich durch einen der einen dieser beiden Flächen angepaßten biegsamen Blechmantel sehr schön versinnlichen läßt. Vgl. das Modell in der Sammlung mathematischer Modelle von L. Brill in Darmstadt.

fassen wir auf als eine **Mannigfaltigkeit von zwei Abmessungen**, die unabhängig ist von der besonderen Erscheinungsform der Fläche im dreidimensionalen Raum; sie ist kein bloßes Phantom, sondern kann durch eine mathematische Formel dargestellt werden, nämlich durch das sogenannte **Linienelement**, d. i. der Abstand zweier unendlich benachbarter Punkte der Fläche, ausgedrückt durch die Bestimmungsstücke dieser beiden Punkte in irgendeinem Gaußschen Bezugsystem. Dieser Ausdruck enthält **drei Größen**, die im allgemeinen von den beiden Bezugsgrößen abhängen, durch die die Punkte unserer Mannigfaltigkeit bestimmt werden[1]), nur für die Ebene und die aus ihr durch Verbiegung entstehenden Flächen können jene drei Größen konstant, d. h. von den beiden Bezugsgrößen unabhängig gewählt werden. Allgemein zu reden kommt den gedachten drei Größen keine unmittelbare geometrische Bedeutung zu, aber alle absoluten Eigenschaften einer Fläche lassen sich durch sie zur Darstellung bringen. Unter diesen Eigenschaften heben wir die folgenden für uns wichtigen hervor.

Wir betrachten zwei Punkte auf einer Fläche und denken uns in ihnen Löcher gebohrt, durch die dann ein biegsamer und unausdehnbarer Faden hindurchgezogen wird. Liegt dieser Faden ganz auf der Fläche auf, so zeichnet er eine jene beiden Punkte verbindende Linie auf der Fläche. Wenn nun zwei Männer an den Enden des Fadens aus Leibeskräften ziehen, bis der Faden straff gespannt ist, so ist die von ihm auf der Fläche gebildete Linie offenbar die kürzeste Verbindung zwischen den beiden Punkten, die auf der Fläche möglich ist. Man nennt sie die **kürzeste oder geodätische Linie**. Für die Ebene ist sie die Gerade, für die Kugel der größte Kreis durch die beiden Punkte. Die Eigenschaft einer Linie kürzeste zu sein, ist nun sicher eine absolute, sie muß bei jeder Biegung erhalten bleiben.

Nimmt man ferner ein von geodätischen Linien gebildetes Dreieck auf der Fläche, so ist seine Winkelsumme im allgemeinen von zwei Rechten verschieden, nur wenn die Fläche aus einer Ebene durch Verbiegung hervorgeht, ist sie zwei Rechten gleich. Der Unterschied dieser Winkelsumme von zwei Rechten — der natürlich positiv oder negativ sein kann — werde nun durch den Flächeninhalt des Dreiecks dividiert; diese beiden Größen hängen nur von Messungen innerhalb der Fläche ab, das gleiche gilt also von ihrem Quotienten, der somit bei jeder Verbiegung der Fläche ungeändert bleiben wird. Lassen wir nun das Dreieck immer kleiner

---

[1]) Sind x, t die Bezugsgrößen eines Punktes, $x + dx, t + dt$ die eines unendlich benachbarten Punktes, ds der unendlich kleine Abstand (das Linienelement), so gilt nach Gauß: $ds^2 = E dx^2 + 2F dx dt + G dt^2$, was Helmholtz als den „verallgemeinerten Pythagoras" bezeichnet hat. E, F, G sind die drei von x, t abhängenden Größen, von denen im Text die Rede ist.

7. Mehrfach ausgedehnte Mannigfaltigkeiten usw.

werden, bis es auf einen Punkt zusammenschrumpft, so nähert sich der gedachte Quotient einem Grenzwert, den Gauß das **Krümmungsmaß** der Fläche in diesem Punkte nennt. Auch dieses bleibt also bei einer Verbiegung ungeändert, es ist etwas der abstrakten Mannigfaltigkeit von zwei Abmessungen Eigentümliches. Für eine Ebene ist das Krümmungsmaß offenbar gleich Null, für eine Kugel vom Halbmesser R (wo die Winkelsumme eines geodätischen Dreiecks einen Überschuß über zwei Rechte gibt, der gleich dem Flächeninhalt des Dreiecks geteilt durch R^2 ist), ergibt es sich gleich $\frac{1}{R^2}$, ist also für alle Punkte der Kugel dasselbe.[1])

Das Charakteristische für die hier betrachteten Mannigfaltigkeiten ist, daß sie bei Beschränkung auf hinreichend kleine Gebiete mit beliebiger Annäherung als **eben** angesehen werden können. Durch diese Eigenschaft können sie erklärt werden, ohne daß man es nötig hat, auf eine ihrer besonderen Erscheinungsformen im dreidimensionalen Raume zurückzugreifen. Von dieser Tatsache ausgehend, hat es der große Mathematiker Riemann in seinem Habilitationsvortrage „Über die Hypothesen, welche der Geometrie zu Grunde liegen" (1854) unternommen, die Gaußsche Theorie der Flächen oder Mannigfaltigkeiten von zwei Abmessungen auf beliebig viele Abmessungen zu erweitern. Sein nächstes Ziel war, die charakteristischen Eigenschaften des Raumes der gewöhnlichen Euklidischen Geometrie herauszufinden, durch die dieser Raum unter allen möglichen Mannigfaltigkeiten von drei Abmessungen ausgesondert werden kann. Es blieb ihm aber nicht verborgen, daß die von ihm entwickelte Lehre weiter reicht und für die ganze Weltauffassung, soweit sie mechanistischer Natur ist, Bedeutung gewinnen müsse. Seine darauf bezüglichen Andeutungen blieben aber Jahrzehnte hindurch unverstanden, und erst in der neuesten Zeit haben die Untersuchungen von Einstein dazu geführt, das Verständnis für die Ideen Riemanns anzubahnen.

Nach Riemann werden die Maßverhältnisse einer Mannigfaltigkeit von beliebig vielen, sagen wir n, Abmessungen ähnlich wie bei Gauß die einer Mannigfaltigkeit von zwei Abmessungen bestimmt durch das **Linien-**

---

[1] Die ebene Geometrie, wie sie in den Elementen des Euklid ihre klassische Darstellung gefunden hat, geht hiernach aus der Geometrie auf der Kugel hervor, indem man den Halbmesser der Kugel unendlich groß werden läßt. Es besteht also zwischen diesen beiden Geometrien ein ähnliches Verhältnis, wie zwischen der Theorie von Galilei und der von Lorentz-Einstein, wenn man den Kugelhalbmesser der Lichtgeschwindigkeit entsprechen läßt. Die Kugelgeometrie ist eine Art der sogenannten **nichteuklidischen Geometrien**. Wir heben diese Analogie darum hervor, weil sich nachher eine Erweiterung derselben für die **allgemeine** Einsteinsche Relativitätstheorie ergeben wird.

element, d. h. durch den Ausdruck des Abstandes zweier unendlich benachbarter Punkte. Dieser Ausdruck enthält $\frac{n(n+1)}{2}$ Größen, also drei für $n=2$, sechs für $n=3$, zehn für $n=4$, die ihrerseits von den n Bezugsgrößen abhängen, durch die ein Punkt in unserer Mannigfaltigkeit bestimmt wird. Die Art dieser Abhängigkeit legt die Maßverhältnisse und damit den inneren Bau unserer Mannigfaltigkeit fest. Riemann hatte, wie gesagt, bei seinen Untersuchungen den Raum vor Augen, aber er hebt hervor, daß der „innere Grund der Maßverhältnisse des Raumes in darauf wirkenden bindenden Kräften gesucht werden" müsse. Erst die von Minkowski begründete Auffassung von Raum und Zeit als einer eine unauflösliche Einheit darstellenden Mannigfaltigkeit von vier Abmessungen hat es Einstein ermöglicht, an eine Ausführung dieses Riemannschen Gedankens heranzutreten. In welcher Weise dies geschehen ist, wollen wir jetzt zu schildern versuchen.

8. Unzulänglichkeit des Lorentz-Einsteinschen Relativitätsprinzips. Das Schwerefeld. Das Äquivalenzprinzip und das allgemeine Relativitätsprinzip.

Aus den bereits dargelegten Gründen beschränken wir uns auch weiterhin auf einen Raum von einer Abmessung, so daß wir es statt mit der vierfach ausgedehnten Minkowskischen „Welt" mit einer Mannigfaltigkeit t, x von nur zwei Abmessungen zu tun haben.

Das Lorentz-Einsteinsche Relativitätsprinzip beruhte auf drei Grundannahmen:

1. Es gibt ein Bezugsystem t, x, für das ein sich selbst überlassener Gegenstand (gleichgültig welcher Beschaffenheit) entweder ruht oder sich mit gleichbleibender Geschwindigkeit in gerader Linie fortbewegt.

2. Die Lichtgeschwindigkeit im leeren Raume ist konstant.

3. Alle Bezugsysteme t', x', die einer in bezug auf t, x geradlinigen und gleichförmigen Bewegung entsprechen, sogenannte Inertialsysteme, sind für die Erkenntnis der Gesetze des mechanischen Naturgeschehens gleichwertig.

In der Natur haben wir geradlinige und gleichförmige Bewegungen immer nur mit einer mehr oder weniger großen Annäherung, weil wir die Gegenstände der Einwirkung störender Kräfte nicht vollkommen entziehen können. Von der Bewegung der Erde um ihre Achse und um die Sonne haben wir schon bemerkt, daß sie nur für verhältnismäßig kurze Zeiträume als geradlinig und gleichförmig angesehen werden können. Die Bewegung der Erde um die Sonne erfolgt nicht in einer

8. Unzulänglichkeit des Lorentz-Einsteinschen Relativitätsprinzips usw. 31

geraden Linie, sondern in einer kreisähnlichen krummen (Ellipse); sie wird nach der Lehre von Newton verursacht durch die allgemeine Schwerkraft oder Gravitation, also durch dieselbe Kraft, die bewirkt, daß ein nicht gestützter Gegenstand zur Erde fällt.

Newton erklärte die Schwerkraft als Fernwirkung, aber er selbst sprach sich in einem berühmten Briefe an Bentley darüber folgendermaßen aus: „Daß die Gravitation der Materie eingeboren, inhärent und wesentlich sein, daß ein Körper auf einen anderen auf Entfernung durch eine Leere hindurch wirken soll, ohne Vermittlung von sonst irgend etwas, durch das hindurch die Wirkung und Kraft von einem zum andern übertragen wird, ist für mich eine so große Absurdität, daß ich meine, niemand, der ein für philosophische Dinge zuständiges Denkvermögen besitzt, könne jemals darauf verfallen." Für Newton war die Fernwirkung also nur das, was man eine Arbeitshypothese nennt. In der Tat hat die mathematische Behandlung der Gravitationserscheinungen schon seit Lagrange dazu geführt, die angebliche Fernkraft aus einer Größe abzuleiten, die für alle Punkte des Raumes erklärt ist, auch für diejenigen, wo sich keine wirkende Materie befindet, eine Größe, die man das Gravitationspotential nennt. Man deutet dieses Potential als physikalische Realität, indem man von einem Gravitations- oder Schwerefelde spricht, das von einer schweren Masse, etwa der Erde erzeugt wird, und das bewirkt, daß ein schwerer Gegenstand, z. B. ein Stein, der in dieses Schwerefeld gerät, zur Erde fällt.

Das Schwerefeld erteilt jedem in ihm befindlichen Gegenstande eine konstante Beschleunigung, d. h. es vermehrt seine Geschwindigkeit in gleichen Zeiten um dieselbe Größe, und zwar ist diese Beschleunigung für alle Körper, gleichgültig aus welchem Stoff sie bestehen und welche physikalische Beschaffenheit sie sonst haben mögen, immer dieselbe; für das Schwerefeld der Erde ist sie auf der Erdoberfläche etwa 10 m in der Sekunde. Ein Blatt Papier und ein Stück Blei fallen in genau gleicher Weise zur Erde, vorausgesetzt, daß sie dieselbe Anfangsgeschwindigkeit haben und daß man von dem Luftwiderstande absieht. Dieses Gesetz ist neuerdings durch sehr scharfe Messungen des ungarischen Physikers R. von Eötvös bestätigt worden; Eötvös zeigte durch Versuche mit der Drehwage, daß die Gleichheit der Schwerebeschleunigung für alle Körper bis auf den 20 000 000 ten Teil ihres Wertes gesichert sei. Daraus folgt ein für unsere Lehre sehr wichtiger Schluß, den wir an einem von Einstein angegebenen Beispiel erläutern wollen.

Wir denken uns in einem von der Wirkung aller Arten störender Kräfte freien Raumteil einen Beobachter, der physikalisch geschult und mit den nötigen Meßinstrumenten versehen sich in einem Kasten von hinreichender Größe befindet. Da er keiner Gravitationswirkung ausge-

8. Unzulänglichkeit des Lorentz-Einsteinschen Relativitätsprinzips usw.

setzt ist, bewegt sich unser Beobachter ohne jegliche Anstrengung, ein Gegenstand, den er losläßt, bleibt an der Stelle frei schwebend, erteilt er ihm einen Stoß, so bewegt er sich in der Richtung des Stoßes mit konstanter Geschwindigkeit in gerader Linie. — Nun sei in der Mitte der Kastendecke außen ein Haken angebracht und an diesem ein Seil befestigt, an dem ein Wesen zu ziehen anfängt. Zieht es mit einer konstanten Kraft, so erfährt der Kasten eine konstante Beschleunigung; es sei diese gleich 10 m in der Sekunde. Der Kasten und dadurch alles, was damit in fester Verbindung steht, also auch der Beobachter selbst, der ja auf dem Boden des Kastens steht, besitzt jene konstante Beschleunigung. Läßt der Mann im Kasten jetzt z. B. einen Gegenstand los, so bleibt dieser in Wirklichkeit zwar noch immer an seiner Stelle frei schwebend, aber der Kastenboden bewegt sich mit konstanter Beschleunigung auf ihn zu, unser Mann sieht also den Gegenstand mit eben dieser Beschleunigung zu Boden fallen, und zwar findet er, daß diese Beschleunigung für alle Körper genau dieselbe, 10 m in der Sekunde, ist. Der Mann im Kasten wird also vermuten können, daß er auf irgendeine Weise in das Schwerefeld der Erde geraten sei, und wird es nur nicht verstehen, weshalb sein Kasten nicht abstürzt. Da blickt er aus dem in der Kastendecke angebrachten Fenster, sieht den Haken mit dem daran befestigten straff gespannten Seil und glaubt nun die Lösung des Rätsels zu haben. Er sagt sich nämlich, sein Kasten sei an diesem Seile in dem Schwerefeld der Erde aufgehängt; deshalb stürze er nicht ab. Ihm erscheint also der in Wirklichkeit mit der konstanten Beschleunigung bewegte Kasten als ruhend in dem Schwerefeld der Erde, genau so wie dem Zugführer der mit konstanter Geschwindigkeit fahrende Zug als ruhend erschien. Es mag noch besonders betont werden, daß die Täuschung des Mannes im Kasten nur dadurch möglich ist, daß das Gravitationsfeld allen Körpern die gleiche Beschleunigung erteilt. Dieser Umstand bewirkt also, daß sich die Wirkung eines konstanten Gravitationsfeldes ersetzen läßt durch einen Beschleunigungszustand des Bezugsystems, und umgekehrt. Dies ist das Einsteinsche Äquivalenzprinzip.

Die Folgerungen, die sich hieraus ergeben, liegen jetzt klar zu Tage. Mit demselben Recht, wie nach Galilei ein geradlinig mit konstanter Geschwindigkeit fahrender Eisenbahnzug als ruhend angesehen werden kann, kann auch ein mit konstanter Beschleunigung bewegter Gegenstand als in einem Schwerefeld ruhend angesehen werden; auch die beschleunigte Bewegung ist nur relativ. Aber noch mehr! Nach dem zweiten Bewegungsgesetze von Newton wird jede Kraft, d. h. jede Bewegungsursache, gemessen durch das Produkt Masse mal Beschleunigung; wir werden also jede wie immer geartete Bewegung auffassen können als Ruhe in einem geeignet beschaffenen Schwerefeld, dem natürlich im allgemeinen nicht eine konstante, sondern eine mit der Zeit und dem Ort veränderliche Intensität zuzuschreiben sein wird. Das allgemeine Relativitätsprinzip von Einstein besagt nun, daß für ein ganz beliebig bewegtes Bezugsystem alle Gesetze des mechanischen Naturgeschehens wieder unverändert in Geltung bleiben müssen. Wie dies zu verstehen ist, bedarf aber noch einer genaueren Erörterung.

9. Die allgemeine Raum-Zeitmannigfaltigkeit. Ihre Bestimmung durch die Gravitationspotentiale.

Wenn wir in unserem t, x-System (dem graphischen Fahrplan) die Zuglinie eines nach einem beliebigen Gesetze bewegten Gegenstandes einzeichnen, so wird diese keine Gerade, sondern eine krumme Linie sein. Diese würde nun als neue Zeitachse t' zu wählen sein, und es entsteht die Frage, wie jetzt die neue Raumachse x' einzurichten ist? Von einer Konstanz der Lichtgeschwindigkeit, durch die früher die Beziehung zwischen der t'-Achse und der x'-Achse festgelegt wurde, kann jetzt nicht mehr gesprochen werden, denn relativ zu einem Bezugsystem, das sich, von einem Inertialsystem aus beurteilt, in beschleunigter Bewegung befindet, erscheint die Lichtstrahlung weder geradlinig noch von gleichförmiger Fortpflanzungsgeschwindigkeit. Aber man kann auch das Gebiet der t, x, d. h. die zweifachausgedehnte Raum-Zeitmannigfaltigkeit nicht mehr als eben ansehen. Um dies zu zeigen, bedienen wir uns wieder eines von Einstein gegebenen Beispiels, bei dem wir jedoch genötigt sein werden, einen Raum von zwei Abmessungen zugrunde zu legen.

Die Drehungen (Rotationen) um eine Achse sind keine gleichförmigen Bewegungen, schon weil die Bahn eines Punktes keine Gerade, sondern ein Kreis ist. Wir denken uns nun ein Gebiet, in dem relativ zu einem Inertialsystem kein Gravitationsfeld vorhanden ist, und beziehen dieses Gebiet auf ein anderes Bezugsystem, das aus einer kreisförmigen Scheibe besteht, die auf das Inertialsystem bezogen, um ihren Mittelpunkt gleichmäßig, d. h. mit konstanter Winkelgeschwindigkeit rotiert. Ein auf der Scheibe, nicht gerade in ihrem Mittelpunkt sitzender Beobachter empfindet dann die Kraft, die der ruhende Beobachter als Fliehkraft (Zentrifugalkraft) deutet. Es ist die Kraft, die einen im Eisenbahnzuge stehenden Reisenden umwirft, wenn der Zug eine Kurve fährt oder die einen Faden spannt, an dem man einen daran gebundenen Gegenstand herumschwingt. Wenn L die Länge des Fadens und u die konstante Winkelgeschwindigkeit ist, mit der der Faden herumgeschwungen wird, so wird, wenn der Faden plötzlich reißt, der herumgeschwungene Gegenstand senkrecht zu der Richtung des Fadens (in der Richtung der Tangente an die Bahn) abfliegen, und zwar mit der konstanten Geschwindigkeit Lu. Daraus folgt, daß der Gegenstand während des Herumschwingens des Fadens in jedem Augenblick die Geschwindigkeit Lu in der zu dem Faden senkrechten Richtung hat. Sitzt also der Beobachter auf unserer Scheibe im Abstande R vom Mittelpunkt und ist u die konstante Winkelgeschwindigkeit, mit der die Scheibe rotiert, so ist die von ihm empfundene Fliehkraft so beschaffen, daß sie ihm in der Richtung der Tangente an den von ihm bei der Drehung beschriebenen Kreis die Geschwindigkeit Ru erteilt. Nach dem Äquivalenzprinzip wird der Beobachter auf der Scheibe sich als ruhend ansehen können in einem Gravitationsfelde, dessen Intensität im Mittelpunkte der Scheibe gleich Null ist und nach dem Rande zu proportional dem Abstande vom Mittelpunkte zunimmt. Aber für ihn gilt nicht mehr die Euklidische Geometrie der Ebene!

In der Tat, würde man bei ruhender Scheibe den Umfang des Kreises ausmessen, der um den Scheibenmittelpunkt mit dem Halbmesser R beschrieben ist, so hätte er zu R das Verhältnis $2\pi = 6{,}28\ldots$; dreht sich aber die Scheibe, so gibt zwar der Halbmesser mit einem bewegten Maßstab gemessen denselben Wert wie mit einem ruhenden, weil in seiner Richtung keine Geschwindigkeit vorhanden ist; dagegen wird der zur Ausmessung dienende Maßstab, wenn er an den Kreisumfang angelegt wird, vermöge der Lorentzschen Verkürzungshypothese kürzer erscheinen, weil ja an dem Umfang in tangentialer Richtung die Geschwindigkeit Ru herrscht. Der Umfang des Kreises wird also jetzt eine größere Maßzahl ergeben, sein Verhältnis zum Halbmesser wird nicht mehr gleich $6{,}28\ldots$ sein, wie es die Geometrie des Euklid verlangt, sondern größer. Das heißt, in der Raummannigfaltigkeit eines beschleunigten Bezugsystems gilt die Euklidische ebene Geometrie nicht mehr, sie gilt folglich auch nicht mehr in der entsprechenden Raumzeitmannigfaltigkeit und wir müssen daher, auch wenn wir uns wieder auf eine einzige räumliche Abmessung beschränken, der Raumzeitmannigfaltigkeit t, x einen andern Charakter zuschreiben, als ihn die gewöhnliche Ebene hat.

Die Mannigfaltigkeit t, x ist jetzt nicht als eine Fläche von bestimmter Erscheinungsform in einem dreidimensionalen Raume zu denken, sondern als abstrakte Mannigfaltigkeit von zwei Abmessungen im Sinne der Auseinandersetzungen des Abschnitts 7. Sie ist also durch ihr Linienelement gegeben, das ihre inneren Maßverhältnisse bestimmt. Denkt man sich ein Gaußsches Bezugsystem eingeführt, so erscheinen die drei Größen, aus denen sich das Linienelement zusammensetzt, im allgemeinen als von den Bezugsgrößen eines Punktes abhängig. Diese

9. Die allgemeine Raum-Zeitmannigfaltigkeit usw.

Bezugsgrößen können aber jetzt nicht mehr wie die Größen t, x des gewöhnlichen graphischen Fahrplans die eine als Zeit, die andere als Raum bestimmend angesehen werden, man kann nur sagen, daß beide zusammen das wann und wo eines Ereignisses bestimmen. Aber das genügt ja auch vollkommen.

Denn es handelt sich bei allen Beobachtungen und Messungen immer nur um die Feststellung des Zusammentreffens zweier Ereignisse (zwei Dinge befinden sich zu einer gewissen Zeit an einem und demselben Ort), und ein solches Zusammentreffen kann in den Gaußschen Bezugsgrößen ebenso festgestellt werden, wie in den einzeln Raum- und Zeit bestimmenden Bezugsgrößen des graphischen Fahrplans, es erfordert eben Übereinstimmung der Werte beider Bezugsgrößen für die beiden Ereignisse. Bei einem gegebenen Gravitationsfeld hängt das Linienelement und damit auch die in seinem mathematischen Ausdruck auftretenden drei Größen in ganz bestimmter Weise von den Bezugsgrößen ab; Einstein bezeichnet darum diese drei Größen als die jenem Felde entsprechenden Gravitationspotentiale. Sie bestimmen den Charakter der Raumzeitmannigfaltigkeit, insbesondere auch ihre Krümmung und zwar unabhängig von der besonderen Wahl des Gaußschen Bezugsystems. In der der wirklichen Welt entsprechenden Raumzeitmannigfaltigkeit von vier Abmessungen ist die Anzahl der Gravitationspotentiale gleich 10, hier tritt an die Stelle der Gaußschen Lehre von den Flächen die Lehre Riemanns, wie sie in seinem Habilitationsvortrag dargelegt ist. Wir erkennen jetzt auch, in welcher Weise die Aussage Riemanns, daß die innern Maßverhältnisse der Mannigfaltigkeit durch die darauf wirkenden bindenden Kräfte begründet werden, für die Raumzeitmannigfaltigkeit verwirklicht erscheint.

Nach Festlegung der einem bestimmten Gravitationsfelde entsprechenden Gravitationspotentiale, die natürlich in Übereinstimmung mit den Ergebnissen der beobachtenden Physik zu erfolgen hat, ist aber die Beschreibung alles Naturgeschehens ausschließlich noch eine Aufgabe der Mathematik. Wir erläutern dies, indem wir wieder die Beschränkung auf einen Raum von nur einer Abmessung festhalten.

Wir können uns die Raumzeitmannigfaltigkeit durch eine Fläche in unserem gewohnten dreifach ausgedehnten Raum versinnlicht denken, wobei jedoch alle durch Verbiegung auseinander hervorgehenden Flächen durchaus gleichberechtigt sind. Die Fläche ist gekrümmt, ihre Krümmung ändert sich auch von Punkt zu Punkt, so daß sie zwar stetig, aber nicht ohne Verzerrungen in sich selbst verschoben werden kann. Messungen mit starren Maßinstrumenten sind deshalb in ihr nicht möglich. Nur für verhältnismäßig kleine Gebiete auf unserer Fläche, innerhalb deren die Änderung der Gravitationspotentiale mit Ort und Zeit eine sehr geringe ist, erweist sich die Lorentz-Einsteinsche Relativitätstheorie als gültig; die Fläche zeigt ja in ihren kleinsten Teilen den Charakter der Ebenheit. In solchen Gebieten kann man in der früher gelehrten Weise Raum und Zeit bestimmende Bezugsgrößen einführen, auch die zu ihrer Messung erforderlichen Instrumente einstellen. Sowie aber die Änderung der Gravitationspotentiale merklich wird, verliert das alles seine Bedeutung. Im großen gilt nur das sogenannte **Prinzip der kleinsten Wirkung**, nach dem sich alles Naturgeschehen vollzieht. Hat man ein bestimmtes Gaußsches Bezugssystem eingeführt, so kann unsere Fläche wie ein graphischer Fahrplan benutzt werden. Die Zuglinie eines in unserem Gravitationsfelde ruhenden oder frei bewegten Körpers ist nach dem gedachten Prinzip eine geodätische Linie. Kennt man die Bezugsgrößen des Anfangszustandes einer Bewegung und ihre Anfangsgeschwindigkeit, oder kennt man die Bezugsgrößen in zwei voneinander verschiedenen Bewegungszuständen, so ist dadurch die geodätische Linie in ihrem ganzen Verlaufe bestimmt, denn man kennt von ihr das einemal Anfangspunkt und Anfangsrichtung, das anderemal zwei ihrer Punkte. Die auf der Fläche gemessene Entfernung zweier Punkte dieser geodätischen Linie gibt die zwischen den beiden entsprechenden Ereignissen verstrichene **Eigenzeit**. Im übrigen ist natürlich sowohl die Zuglinie selbst als auch die zugehörige Eigenzeit von der Wahl des Gaußschen Bezugsystems unabhängig. Wesentlich ist allein der durch die Gravitationspotentiale bestimmte Charakter der durch unsere Fläche versinnlichten Mannigfaltigkeit von zwei Abmessungen; diese drei (in der wirklichen Welt zehn) Größen legen die Verbindung von Raum und Zeit fest, die in der Theorie von Lorentz-Einstein durch die Konstanz der Lichtgeschwindigkeit gegeben war.

Man kann in diesem Sinne die allgemeine Theorie von Einstein als eine weitere Verfeinerung der von Lorentz-Einstein ansehen, in die sie übergeht, wenn man die Änderung der Gravitationspotentiale, d. h. die Wirkung der Gravitationskräfte als sehr gering ansieht. Ähnlich wie die klassische Mechanik (Galilei) zur Theorie von Lorentz-Einstein, steht also diese zu der allgemeinen Einsteinschen Lehre.[1)]

[1)] Das Verhältnis der Theorien von Galilei, Lorentz-Einstein und Einstein zueinander entspricht dem der Geometrien in der Ebene (Krümmung Null), auf der Kugel (Krümmung konstant und von Null verschieden) und auf einer beliebigen Fläche (Krümmung mit dem Ort veränderlich); vgl. die Fußnote auf S. 29.

10. Bestätigung durch die Erfahrung. Schlußbemerkungen.

Unter den Bestätigungen, die die allgemeine Theorie Einsteins bisher gefunden hat, heben wir zwei hervor. Die erste bezieht sich auf die bereits zu Beginn des vorigen Abschnitts erwähnte Tatsache, daß der Weg des Lichtstrahls bezogen auf ein in beschleunigter Bewegung befindliches Bezugsystem, d. h. also, nach dem Äquivalenzprinzip, in einem Gravitationsfelde, keine Gerade sein kann. Das gilt schon für ein konstantes Gravitationsfeld, wie es durch eine ruhende oder in gleichförmiger Bewegung befindliche schwere Masse erzeugt wird. Die Rechnung ergibt, daß ein an der Sonne vorübergehender Lichtstrahl von seiner geradlinigen Bahn um den Betrag von 1,7 Sekunden abgelenkt werden muß. Um diesen Betrag müssen also die Fixsterne von der Sonne aus verschoben erscheinen, was sich bei Sonnenfinsternissen muß nachprüfen lassen. Eine deutsche Expedition, die diese Nachprüfung bei der am 21. August 1914 stattgehabten Sonnenfinsternis im Kaukasus vornehmen sollte, geriet in russische Gefangenschaft und konnte darum ihre Arbeiten nicht ausführen. Dagegen hat bei der am 29. Mai 1919 stattgehabten Sonnenfinsternis eine englische Expedition in Brasilien Messungen vorgenommen, die an den von ihr gemachten photographischen Aufnahmen gewisser Fixsterne genau die durch die Rechnung geforderte Verschiebung erkennen ließen.

Eine zweite Bestätigung ergab sich in der Mechanik des Himmels, was um so bemerkenswerter ist, als die Gesetze der Planetenbewegung bisher als die stärkste Stütze der klassischen Mechanik gegolten haben, besonders seit es zu Anfang des 19. Jahrhunderts Leverrier gelungen war, aus den Störungen in der Bewegung der Planeten Uranus das Vorhandensein eines weiteren, bis dahin unbekannten Planeten vorherzusagen, der denn auch bald darauf an der von Leverrier berechneten Stelle des Himmels durch den Berliner Astronomen Galle aufgefunden wurde. Der neue Planet erhielt dann den Namen Neptun. — Aber eine andere, ebenfalls von Leverrier entdeckte Erscheinung war durch die klassische Himmelsmechanik nicht in befriedigender Weise zu erklären, die sogenannte Perihelbewegung des Planeten Merkur, d. h. die Tatsache, daß die Bahnellipse, die Merkur nach den Keplerschen Gesetzen um die Sonne beschreibt, in ihrer Ebene eine drehende Bewegung im Sinne der Bewegungsrichtung des Planeten vollzieht, die in einem Jahrhundert etwa 43" beträgt. Nach der Theorie von Einstein ergibt sich nun, daß die Bahnellipse eines jeden Planeten nicht fest ist, sondern

10. Bestätigung durch die Erfahrung. Schlußbemerkungen

eine Drehung in dem oben bezeichneten Sinne vollzieht. Für die übrigen Planeten ist diese Drehung so gering, daß sie bisher nicht festgestellt werden konnte, nur für Merkur ergibt sie sich genau in Übereinstimmung mit den Beobachtungen von Leverrier.

Wir sind am Ende unserer Betrachtungen. Der von Gauß und Riemann errichtete Bau der Geometrie hat sich in der Hand von Einstein als das wohnliche Heim erwiesen, in dem die Physik sich zu einer rein mathematischen Disziplin entwickeln kann. Man denkt dabei an die analoge Entwicklung, die die Geometrie selbst im Laufe der Jahrhunderte erfahren hat. Als die alten Ägypter durch die alljährlichen Überschwemmungen des Nils veranlaßt wurden, die Grenzen ihrer Äcker immer aufs neue festzustellen, entwickelte sich bei ihnen die Kunst der Feldmesser zunächst als reine Erfahrungswissenschaft. Die Gedankenarbeit der griechischen Philosophen hat die Feldmessung oder Geometrie von der Stufe der Erfahrungswissenschaft zu einer rein logisch aufgebauten mathematischen Disziplin erhoben; heute denkt niemand mehr daran, geometrische Wahrheiten auf empirischem Wege zu finden. Vielleicht ist der Physik eine ähnliche Entwicklung beschieden. Ursprünglich eine bloße Erfahrungswissenschaft hat sie sich allmählich mathematisiert. Die Stufe, die sie durch die eben geschilderte Lehre Einsteins erklommen hat, bedeutet jedenfalls einen weiteren Schritt auf dem Wege, den ihre ältere Schwester, die Geometrie, schon vor mehr als zweitausend Jahren zurückgelegt hat.

Literaturnachweise.

Zu den Abschnitten 1 bis 6.

a) Die auf den Bewegungsbegriff der klassischen Mechanik bezüglichen Schriften von Galilei, Descartes, Newton, Euler und Kant sind angegeben und besprochen in der Schrift: Ludwig Lange, Die geschichtliche Entwicklung des Bewegungsbegriffs und ihr voraussichtliches Endergebnis, Leipzig 1886, auch in Philosophische Studien herausg. von W. Wundt, Bd. 3.
b) Zum Michelsonschen Versuch und der Lorentzschen Verkürzungshypothese. Albert A. Michelson, American Journal of Science, III. Ser., vol. 22, 1881, S. 120. — Michelson & Morley, ebda., vol. 34, 1887, S. 333. — Morley & Miller, Philosophical Magazine, III. Ser., vol. 9, S. 669 und 680. — H. A. Lorentz, Arch. Néerlandaises, Bd. 21, 1886, S. 103. — Ders., De relatieve beweging van de aarde en den aether, Amsterdam Zittingsverlag, Akad. v. Wet. I (1892), S. 74. — Fitz Gerald bei O. Lodge, Aberration problems, London Transactions, A 184, 1893, S. 749. — H. A. Lorentz, La théorie électromagnetique de Maxwell, Arch. Néerl. Bd. 25, 1892, S. 363. — Ders., Versuch einer Theorie der elektrischen und optischen Erscheinungen, Leiden 1895.
c) Zur Lorentztransformation und der Lorentz-Einsteinschen Relativitätstheorie. H. A. Lorentz, Proc. Amsterdam 1904, S. 809. — W. Voigt, Göttinger Nachrichten 1887, S. 41. — A. Einstein, Annalen der Physik, Bd. 17 (1905), S. 891. — Ders., Jahrbuch der Radioaktivität und Elektronik, Bd. 4 (1907), S. 411. — H. Minkowski, Raum und Zeit, Jahresbericht der Deutschen Mathem.-Vereinig. Bd. 18 (1909), S. 75, auch separat Leipzig und Berlin 1909. — A. Brill, Das Relativitätsprinzip, 4. Aufl. Leipzig u. Berlin 1920. — M. v. Laue, Die Relativitätstheorie I. Band, 3. Aufl. Braunschweig 1919.
d) Sonstiges. H. Fizeau, Comptes rendus, Académie des Sc. Paris, Bd. 33, 1851, S. 349, vgl. Annalen der Physik, Ergänzungsband 3, S. 457. — J. L. Lagrange, Méchanique analytique, Paris 1788.
e) Gemeinverständliche Darstellungen (soweit sie vom Verf. benutzt wurden). G. Castelnuovo, Le principe de rélativité, Scientia, Bd. 9, 1911, S. 51. — L. Heffter, Über eine vierdimensionale Welt, Antrittsrede, Freiburg i. B. 1912. — A. Einstein, Über die spezielle und die allgemeine Relativitätstheorie (gemeinverständlich), 2. Aufl. Braunschweig 1917. — M. Schlick, Raum und Zeit in der gegenwärtigen Physik, Berlin 1917. — Hans Witte, Raum und Zeit im Lichte der neueren Physik, 2. Aufl. Braunschweig 1918. — E. Cohn, Physikalisches über Raum und Zeit, 4. Aufl., Leipzig u. Berlin 1920. — B. Rülf, Die Relativitätstheorie von Einstein und die Grundlagen der Mechanik, Kölnische Zeitung, Beilage Nr. 253 u. 276, 1920.

Zu Abschnitt 7.

E. de Cyon, L'oreille, Paris 1911. — Ders., Das Ohrlabyrinth als Organ der mathematischen Sinne für Raum und Zeit, Berlin 1908. — C. F. Gauß, Disquisitiones generales circa superficies curvas, 1828, Werke Bd. IV, 1872, S. 217, deutsch von Wangerin, Ostwalds Klassiker der ex. Wissenschaften Bd. 5, Leipzig 1889. — C. H. Hinton, Scientific Romances, London 1886. — E. A. Abbott, Flatland, London 1884. — M. Dehn & P. Heegaard, Analysis situs, Encyklopädie der mathem. Wissenschaften, Bd. III, A B 3, Leipzig u. Berlin 1907. — H. v. Helmholtz, Ursprung und Bedeutung der geometrischen Axiome, Populäre wissensch. Vorträge, Heft III, Braunschweig 1876. — F. Klein, Erlanger Programm 1872, Mathematische Annalen, Bd. 43, 1893, S. 63. — Ders., Jahresbericht der Deutschen Mathem.-Vereinigung, Bd. 19, 1910, S. 281. — R. Bonola & H. Liebmann, Nichteuklidische Geometrie, 2. Aufl. Leipzig u. Berlin 1919. — B. Riemann, Über die Hypothesen, welche der Geometrie zu Grunde liegen, 1854, Werke, 2. Aufl., Leipzig 1892, S. 272, neu herausgegeben und erläutert von H. Weyl, Berlin 1919.

Zu den Abschnitten 8 bis 10.

Sir Isaac Newton, Letters to Bentley, London 1756. — J. L. Lagrange, 1773, Œuvres, Bd. 6, S. 349. — R. v. Eötvös, Annalen der Physik, Bd. 59, 1896, S. 354. — Ders., Abhandl. der XV. Allgem. Konf. der Erdmessung in Budapest 1906, Bd. I, Leiden 1907. — A. Einstein & M. Großmann, Zeitschrift für Math. u. Physik, Bd. 62, 1913, auch separat, Leipzig u. Berlin 1913. — A. Einstein, Die Grundlagen der allgemeinen Relativitätstheorie, Leipzig 1916. — Ders., siehe zu Abschnitt 1 bis 6 unter e). — E. Freundlich, Die Grundlagen der Einsteinschen Relativitätstheorie, 2. Aufl. Berlin 1917. — H. Weyl, Raum, Zeit, Materie, 3. Aufl. Berlin 1920. — U. J. Le Verrier, Recherches sur le mouvement de la planète Herschel, Conn. des temps 1849. — Ders., Recherches astronomiques, Annales de l'observatoire de Paris, 1855—1877.

Einführende Werke in die Relativitätslehre

Raum, Zeit und Relativitätstheorie. Gemeinverständliche Vorträge von Prof. Dr. L. Schlesinger. Mit 2 Tafeln und 5 Fig. (Abh. u. Vortr. a. d. Geb. d. Math., Nat. u. Techn. Heft 5.)
Die Abhandlung, aus einem Vortrag hervorgegangen, der sich an Gebildete aller Stände wendet, behandelt die allgemeine und spezielle Relativitätstheorie. Sie setzt nur ein Mindestmaß an mathematischen Kenntnissen voraus, und bedient sich vorwiegend graphischer Methoden.

Physikalisches über Raum und Zeit. Von Prof. Dr. E. Cohn. 4. Aufl. (Abh. u. Vortr. a. d. Geb. d. Math., Nat. u. Techn. H. 2.) Geh. M. 1.60
„In anschaulicher Darstellung legt der Verfasser die physikalischen Erfahrungen dar, die zum Verständnis des Verlaufs der Naturvorgänge im Raum- und Zeitsystem führen und in denen die Relativitätstheorie wurzelt." (Astronom. Nachrichten.)

Einführung in die Relativitätstheorie. Von Dr. W. Bloch. 2., verb. Aufl. Mit 16 Fig. (ANuG Bd. 618.) Kart. M. 2.80, geb. M. 3.50
Der Verfasser hat sich die Aufgabe gestellt, dem Laien die der Relativitätstheorie zugrundeliegenden Gedanken, die heute auf das wissenschaftliche Weltbild umgestaltend einwirken, in ihrer geschichtlichen Entwicklung verständlich zu machen. Er zeigt, welche umstürzende Bedeutung diese neue Theorie auf die bisher unbegründet für selbstverständlich gehaltenen Sätze über Zeit- und Längenmessung gehabt hat, und welche Ausblicke uns auf der neuen Grundlage bereits erschlossen sind.

Das Relativitätsprinzip. Leichtfaßlich entwickelt von Prof. A. Angersbach. (Math.-phys. Bibl. 39.) Kart. . . . . M. 1.80
Ausgehend von der klassischen Mechanik, behandelt das Büchlein zunächst den schon in dieser auftretenden Begriff der Relativität, geht auf die Grundfrage „Ruhender oder bewegter Aether" ein und erörtert dann die hierauf fußenden Einsteinschen Sätze, ihre Begründung und ihre Folgerungen.

Das Relativitätsprinzip. Drei Vorlesungen gehalten in Teylers Stiftung zu Haarlem. Von Prof. Dr. H. A. Lorentz. Bearbeitet von Prof. Dr. W. H. Keesom. Geh. . . . . M. 2.—
Die Schrift behandelt nach einer kurzen historischen Einleitung das Einsteinsche Relativitätsprinzip, die darauf fußende Relativitätsmechanik sowie das Einsteinsche Äquivalenzprinzip. In einem Nachtrage werden einige spezielle Fragen mathematisch weiter ausgearbeitet.

Das Relativitätsprinzip. Eine Sammlung von Abhandlungen. Von Prof. Dr. H. A. Lorentz, Prof. Dr. A. Einstein, Prof. Dr. H. Minkowski. Mit Anmerkungen von Prof. Dr. A. Sommerfeld, und Vorwort von Prof. Dr. O. Blumenthal. 3., verb. Aufl. (Fortschritte der mathematischen Wissenschaften in Monographien. Heft 2.) Geh. M. 8.—, geb. M. 11.—
Die vorliegende Sammlung führt die historische Entwicklung der Theorie an Hand der Originalarbeiten vor Augen. Dank dem Entgegenkommen Prof. Einsteins konnten in der neuen Auflage die wichtigsten seiner Arbeiten über die Relativitätstheorie im Zusammenhang zum Abdruck gebracht werden, so daß die Schrift nunmehr zu einem für das Verständnis der Theorie und ihrer Bedeutung grundlegenden Quellenwerk geworden ist.

Das Relativitätsprinzip. Eine Einführung in die Theorie von Prof. Dr. A. von Brill. 4. Aufl. Mit 6 Figuren. (Abhandlungen u. Vorträge aus d. Gebiete der Math., Naturwissenschaften u. Technik. H. 3.)
„Die große Reichhaltigkeit des Inhalts, die fesselnde Art des Vortrags und die Behandlung auch der mehr philosophischen Seite der Probleme machen das Buch für jeden wichtig und wertvoll, der die Folgerungen und Fortschritte der Relativitätstheorie kennen lernen will." (Sokrates.)

Auf sämtliche Preise Teuerungszuschläge des Verlags (Septbr. 1920 100%, Abänderung vorbehalten) und teilweise der Buchhandlungen.

Verlag von B. G. Teubner in Leipzig und Berlin

MIX
Papier aus verantwortungsvollen Quellen
Paper from responsible sources
FSC® C105338

If you have any concerns about our products,
you can contact us on
ProductSafety@springernature.com

In case Publisher is established outside the EU,
the EU authorized representative is:
**Springer Nature Customer Service Center GmbH
Europaplatz 3, 69115 Heidelberg, Germany**

Printed by Libri Plureos GmbH
in Hamburg, Germany